吃好 42天月子餐

刘桂荣 编著

中国轻工业出版社

前言

生完宝宝后，新妈妈身体虚弱，急需补充营养，使身体迅速恢复；同时还需要足够的奶水，以保证宝宝的成长需求。所以，月子餐怎么吃很关键。

中国坐月子的习惯古已有之，产后坐月子是女性最为特殊的一个阶段，除了日常起居需要格外注意，饮食更是不能马虎。月子期间吃得好，不仅身体恢复快，还能给宝宝的成长打好基础。然而，由于缺乏专业的营养知识，加上受错误观念的影响，费时费力，做出来的月子餐食材种类单一，营养也不全面，导致许多没有经验的新妈妈身体没恢复好，反而补了"一身膘"，为后续生活埋下隐患。有些产后妈妈坐完月子看着长胖了，但是贫血，虚弱得连抱孩子的力气都没有，这便是没有吃对月子餐，白补了一番的缘故。

本书结合丰富的产后护理和催乳经验，整理了42天坐月子期间二百多道月子餐菜谱，同时将产后坐月子的注意事项、新妈妈的产后需求，以及新爸爸和家人的陪护事宜都一一做了说明。这样，全家人不用手忙脚乱，即可让新妈妈享受到在月子中心般的体验。

目录

第一章
分娩前后吃什么

第二章
产后第 1 周　排毒养血

第三章

产后第 2 周　滋养进补

第四章

产后第 3 周 补血调气

第五章

产后第 4 周 增强体质

第六章

产后第 5 周 肠胃养护

第七章

产后第 6 周 减重瘦身

第八章

特殊功效的菜谱推荐

第九章

四季月子餐

吃好
42天月子餐

第一章

分娩前后吃什么

分娩可是一项十分消耗体力的活儿，在整个分娩过程中，准妈妈的精力经历着巨大的消耗。因此，储备好热量才能让准妈妈更好地分娩。那临产前吃些什么可以让准妈妈快速积攒体力呢？分娩之后又该吃什么才能迅速恢复体力呢？

顺产妈妈产前怎么吃

　　顺产妈妈在临产前只有保证足够的热量供给，才能有足够的体力坚持到把宝宝从子宫里娩出。如果这个时候不好好进食和饮水，生产过程中很容易造成脱水，从而引起胎宝宝在子宫内缺氧。顺产妈妈在生产过程中没有力气，对妈妈和胎宝宝来说都是一件非常危险的事情。

第一产程：养精蓄锐，补充热量

　　第一产程是漫长的前奏，将持续 11~12 小时，虽然无须过分用力，但是阵痛依旧会影响产妇的睡眠、饮食。为了保证分娩时产妇能够精力充沛，补充热量是必不可少的。这个阶段的饮食要均衡，丰富的糖分、蛋白质和维生素可以有效地为产妇打下坚实的身体热量基础，同时，家人最好给产妇提供半流质或软烂的易消化食物。

番茄鸡蛋面可以迅速补充碳水化合物、优质蛋白和维生素。

推荐食用

番茄鸡蛋面、皮蛋瘦肉粥、小馄饨、面包。

注意

食用富含膳食纤维的蔬菜和水果在后续生产过程中用力屏气时，容易导致排便，因此尽量不要食用富含膳食纤维的食物，如薯类、苹果等。

助产贴士

甜甜的小蛋糕不仅能够为产妇直接提供热量，还有助于平缓紧张焦虑的情绪哦。

第二产程：宫缩间歇，补充体力

经过漫长又痛苦的等待，宫口终于开全了，子宫收缩的频率和强度也达到高峰。第二产程需要2~3小时。剧烈的宫缩疼痛以及用力分娩更是增加了产妇的身体消耗。此时，多数产妇不愿进食，也顾不上去咀嚼东西。因此，这个时候可以选择一些方便食用的食物或能够提供热量的饮品帮助产妇提神补能。

推荐食用

牛奶、热量棒、红糖水、蜂蜜水、功能性饮料。

注意

能量饮料里的咖啡因对产妇的心率会产生一定的影响，最好选择不含咖啡因，同时可以快速供能的运动饮料或无渣果汁。

助产贴士

巧克力的脂肪含量虽高，但需要B族维生素的参与才能顺利转化成热量，效果较慢，可以尝试用热量棒代替，见效更快。

第三产程：娩出胎盘，适当进食

终于来到了分娩的终点，胎宝宝娩出后，宫缩虽有短暂的停歇，但是为了娩出胎盘，宫缩会再次发力5~15分钟。这时候的产后妈妈会感到疲乏无力、没有胃口，可以先稍作休息，等恢复体力以后食用一些清淡、易消化的食物进行补充，再过渡至正常饮食。

推荐食用

蒸蛋羹、肉片粥、小米粥。

注意

产后妈妈应避免立即食用大补或活血食材，如人参、当归、鹿茸等，以免引起产后出血量的增多。

助产贴士

虽然产后即将面临哺乳，但是产后妈妈也应避免立即进食高脂、高蛋白的食物，如鲫鱼汤、猪蹄汤等，以防止乳汁的淤积。

顺产妈妈产后怎么吃

顺产的妈妈分娩过后体力有所恢复时便可开始进食。产后妈妈会出现身体虚弱、精神疲惫的情况。虽然分娩消耗了很多的体力，及时补充营养十分必要，但大鱼大肉不代表营养，油腻、不易消化的食物对产后妈妈虚弱的肠胃没有好处，甚至会引起不适。

产后可以立即吃的东西

顺产的妈妈在生产完之后，便可以开始饮食，但过于滋补的食物却不应该是第一选择。

小米粥

产后妈妈身体虚弱，肠胃功能也没有恢复，这时需要吃容易消化且能为身体补充营养的食物。小米不仅能提供热量，而且也不会给肠胃增加负担，是首选。

藕粉糊

藕富含铁、钙等元素，还具有植物蛋白、维生素，同时碳水化合物含量也很丰富，具有明显的补益气血、增强免疫力的作用，有利于产后妈妈消化吸收，促进下奶。

黑芝麻糊

芝麻富含蛋白质、铁、钙、磷等营养成分，能滋补身体，多吃可预防产后钙质流失及便秘，非常适合产后妈妈食用。

产后不能立即吃的东西

传统观念中的一些滋补食物并不适合新妈妈产后立即食用。

油腻的汤

产后忌立即喝油腻的肉汤，高脂肪的浓汤会使乳汁变稠不易排出，从而导致奶水淤积。

人参

人参中能产生兴奋作用的成分会导致失眠、烦躁、心神不安等问题。产后妈妈此时需要卧床休息，服用人参会因兴奋难以安睡，影响精力和体力的恢复。

煮鸡蛋

分娩后不要立即吃鸡蛋，产后妈妈此时消化能力下降，立即吃鸡蛋不易消化，会增加肠胃负担，最好吃半流质或流质食物。

红糖小米粥

原料：小米 50 克，红糖、枸杞子各适量。

精心制作：

1. 小米洗净，锅中加水，煮至米粒软烂。

2. 加入红糖、枸杞子再煮 5 分钟即可。

营养功效： 对改善产后妈妈因生产而引起的乏力倦怠、气血亏损、体质虚弱、肠胃欠佳有极大功效。

枸杞子红枣百合汤

原料：枸杞子 5 克，鲜百合 20 克，红枣 4 个。

精心制作：

1. 鲜百合洗净，掰成小块。

2. 红枣洗净，去掉枣核。

3. 加入适量水和枸杞子煮 30 分钟即可。

营养功效： 能够补气补血，对气血两虚的产后妈妈十分有利，同时可以安神助眠，提高产后妈妈的睡眠质量。

剖宫产妈妈产前怎么吃

有的产妇由于身体的原因或者胎儿的原因，不能自然分娩，所以只能选择剖宫产。与顺产不同，剖宫产相当于一场手术，为了自己和宝宝的安全与身体健康，这就需要产妇在术前、术后都要严格遵守医院和医生的要求。

剖宫产前一天

对于剖宫产妈妈前一天吃什么，大多没有明确的禁忌。不过，一般要避免吃辛辣、油炸、烧烤以及生冷、凉冻等刺激性的食物。同时，这期间建议不吃高蛋白的食物，以免影响剖宫产后肠道的排空，增加剖宫产后便秘的发生。

推荐食用

早餐：牛奶、鸡蛋、面包

午餐：番茄炒鸡蛋、小米枸杞子粥、馒头

晚餐：鸡汤面、苹果

注意

参类具有强心、兴奋的作用；鱿鱼含有丰富的有机酸物质，会抑制血小板凝集，不利于剖宫产后止血与创口愈合。因此术前不能滥用高丽参、西洋参以及鱿鱼等食物进行滋补。

助产贴士

虽然是剖宫产的前一天，但吃豆类食品依然会影响剖宫产后的身体恢复，因此要尽量避免食用。

剖宫产前 6 小时

大多数医院会要求产妇在做剖宫产手术前 6 小时禁食、禁水，这是因为剖宫产手术需要进行麻醉，会引起呕吐和反流，在剖宫产手术过程中，呕吐和反流容易使胃容物进入气管内，引起机械性气道阻塞。为了避免在术中发生意外，术前 6 小时的禁食、禁水产妇可一定要做到哦。

注意

患有妊娠糖尿病的产妇一般在剖宫产手术当日停止皮下注射胰岛素，改为静脉输液胰岛素，便于在剖宫产手术期间根据血糖表现进行相应调整。

助产贴士

其实，不只是饮食要求，在产前，医生会交代产妇很多注意事项，为了宝宝能安全出生，产妇还是要遵守医生的建议。

剖宫产妈妈产后怎么吃

从营养方面来说，剖宫产妈妈对营养的要求比自然分娩的妈妈要高，因为手术中的麻醉、开腹等操作对身体的影响非常大，因此剖宫产妈妈在产后恢复上会比顺产妈妈慢。同时，因剖宫手术刀口的疼痛，产后妈妈的食欲也会受到影响，所以饮食上的安排与顺产妈妈也会有所差别。

剖宫产后 0~6 小时

剖宫产手术会导致肠胃蠕动变慢，肠腔内出现积气，马上进食会造成便秘。因此，术后与术前一样，6 小时内需要禁食、禁水，待排气后才能进食、进水。

产后贴士

如果感到干燥，可用棉签蘸取水涂擦嘴唇。

剖宫产后 7~12 小时

剖宫产后新妈妈的腹内压强降低，腹肌松弛，胃肠蠕动慢，流食更有助消化吸收。剖宫产 6 小时后，宜服用一些有助于排气的食物，如萝卜汤，可帮助因麻醉而停止蠕动的肠胃保持正常运作。以肠道排气作为可以开始进食的标志。

产后贴士

豆制品应尽量少吃或不吃，以免加重腹胀。

益母草粥

原料：大米 50 克，鲜益母草汁、鲜藕汁各适量。

精心制作：

1. 大米淘洗干净，浸泡 2 小时，煮成粥。
2. 待粥熟时，加入鲜益母草汁、鲜藕汁，熬煮 10 分钟即可。

白萝卜汤

原料：白萝卜 200 克，盐、香油各适量。

精心制作：

1. 白萝卜切片，加水煮沸，再转小火炖至白萝卜熟烂。
2. 加少量盐，滴适量香油即可。

吃好
42天月子餐

第二章

产后第 1 周 排毒养血

产后第 1 周，是产后妈妈身体最虚弱的时候，也是最需要调理的时候，所以产后第 1 周的食谱非常重要。如果这时强行食用"大补汤水"只会让胃功能更加减退。产后第 1 周的食谱应以利水消肿，排净恶露，温补气血，预防产后虚脱为原则。这个阶段的重点是补充营养、开胃，使产后妈妈食之有味，便于吸收。

产后第 1 周的饮食原则

生完宝宝就"大补"是错误的观点，建议产后妈妈本周吃些清淡、开胃的食物和有助于排恶露的食物，不宜大补。

产后妈妈要补钙、补铁

宝宝的营养都需要从妈妈的乳汁中摄取，据测定，每 100 毫升乳汁中含钙 34 毫克，如果每天泌乳 1000~1500 毫升，产后妈妈每天就要失去 500 毫克左右的钙。如果摄入的钙不足，就要动用骨骼中的钙去补足。所以产后妈妈补钙不能懈怠，每天最好能保证摄取 2000~2500 毫克的钙质。如果产后妈妈出现了腰酸背痛、肌肉无力等症状，说明身体已经严重缺钙了。

月子餐食材宜考究

月子餐要保证身体尽快复原，就必须要选择优质的原料，如选择时令新鲜蔬菜、水果；汤品首选鱼汤，热量低且营养价值高。同时，食材的选购也要注意选择绿色无污染的，最好到正规菜市场或商场、超市购买。

宜吃煮蛋和蒸蛋

鸡蛋富含蛋白质，是许多产后妈妈的首选补品。煮鸡蛋、蛋羹、蛋花汤是不错的食物。加热处理既能杀灭鸡蛋中可能存在的细菌，又能使蛋白适当受热变软，易与胃液混合，有助于消化。以上几种食物是脾胃虚弱的产后妈妈的补益佳品。

如果产后妈妈便秘，可以在鸡蛋羹中淋入一些香油，会有良好改善效果。但需注意，过量食用鸡蛋会导致消化不良，一般以每天不超过 2 个为宜。

需要提前准备的食材
红豆：提高免疫力
鸡蛋：补充蛋白质
小米：消除疲劳
红糖：温补滋养
菌菇：补充微量元素
萝卜：防止便秘
牛肉：恢复体力

新鲜蔬果会加速体内新陈代谢，促进各类营养的吸收和利用。

产后 1 周内先别喝母鸡汤

　　产后特别是剖宫产后，新妈妈的肠胃功能还未恢复，不能吃过于油腻的食物。母鸡雌激素含量过高，会抑制乳汁分泌，不适合新妈妈产后马上吃。这时，产后妈妈可进食一些易消化的流质或半流质食物，如虾仁煨面、南瓜粥等。

母鸡汤在产后第 2 周开始进补比较合适。

产后适当吃盐

　　有些产后妈妈认为产后前几天吃盐会伤胃，不利于身体恢复，于是总吃口味清淡的饭菜，甚至一点儿盐也不放。其实，产后妈妈在月子里出汗较多，乳腺分泌也很旺盛，容易脱水（丧失水和盐）。如果不吃盐，只会加重身体脱水，因此应该在菜肴里适量加盐。

产后妈妈出汗过多，造成体内钠的流失，要适当地吃盐。

喝红糖水不能超过 10 天

　　传统观点认为产后喝红糖水能补养身体，比如可以帮产后妈妈补血和补充碳水化合物，促进恶露排出和子宫复位等，但其实并不是喝得越多越好。过多饮用红糖水会损坏产后妈妈的牙齿。喝太多红糖水还会增加恶露中的血量，反而引起贫血。

喝红糖水的时间以产后 7~10 天为宜。

产后别立即食用人参

　　有些产后妈妈为了恢复体力，食用人参滋补，这样对健康并不利。因为人参中所含的人参皂苷对中枢神经系统、心脏及血液循环有兴奋作用，会使产后妈妈出现失眠、烦躁、心神不宁等症状。人参还会促进血液循环，会使有内、外生殖器官损伤的产后妈妈出血量增加。

坐完月子后有气虚的症状，此时新妈妈可适量食用人参。

哺喂讲堂——分娩后初次哺乳宜"三早"

尽早让宝宝尝到甘甜的乳汁，能使宝宝得到更多的母爱和温暖，减少来到人间的陌生感。一般情况下，若分娩时妈妈和宝宝一切正常，出生后就可以让宝宝吸吮母乳了。

早接触

分娩后，宝宝和妈妈皮肤接触应在出生后 30 分钟以内开始，接触时间不得少于 30 分钟。

医生会将宝宝带到妈妈身边，保持宝宝和妈妈肌肤相亲。这种做法可以使妈妈在经过较长时间的待产、分娩后，心理上得到安慰，也使初生的宝宝在皮肤接触后很快安静下来。此外，这样还能促进宝宝和妈妈情感上的紧密联系，也使新生宝宝的吸吮能力尽早形成。

早吸吮

尽量让宝宝在出生后 30 分钟以内开始吸吮妈妈乳房。在分娩后的头 1 小时内，大多数新生宝宝对哺乳或爱抚都很敏感，利用这段时间开始母乳喂养最合适不过了。尽早地吸吮乳汁，这样会给宝宝留下很深的记忆，有助于以后更好地进行吸吮。尽早地让宝宝吸吮乳头，可使妈妈体内产生更多的催产素和泌乳素，前者增强子宫收缩，减少产后出血，后者刺激乳腺泡，可提早让乳房充盈。

早吸吮的好处：

1. 能刺激妈妈垂体前叶分泌催产素，促进子宫收缩，减少产后出血。

2. 早吸吮可刺激妈妈催乳反射。催乳反射的尽快形成，有助于早下奶及乳汁分泌。

3. 让宝宝吃到营养和免疫价值最高的初乳，可增强宝宝的抗病能力。

早开奶

第 1 次开奶时间是在分娩后 30 分钟以内。宝宝早开奶可得到初乳，早得到第 1 次免疫。乳腺初次生成的乳汁称为初乳，是一种发黄的或清澈的糖浆样液体。初乳富含蛋白质和抗体，可以保护宝宝避免感染，还能帮助宝宝排出体内的胎便、清洁肠道。

给家人的护理建议

生完孩子的第 1 周，对于新妈妈来说，休息是最重要的，睡眠时间不够会影响身体的恢复。除了充足的睡眠时间，第 1 周的日常护理也是身体恢复的重中之重，如观察恶露颜色、防范产后出血，缓解便秘、乳房涨奶等。

剖宫产和顺产的不同护理方式

剖宫产和顺产的护理有所不同，自然分娩的妈妈第 1 天要尽快恢复体力，要多注意休息和适当补充有营养的半流质食物；剖宫产的妈妈第 1 天伤口仍然比较疼痛，应以卧床休养为主。此外，还要多观察产妇的阴道出血量，并协助顺利排便，以及进行一些床下活动。

鼓励母乳喂养

产后第 1 天新妈妈会有少量黏稠、略带黄色的乳汁，这就是初乳。所以产后第 1 天，一定要把宝宝抱给妈妈，让宝宝尝试吃奶，初乳的营养价值很高，给宝宝喂初乳可以减少宝宝疾病的发生。

陪产后妈妈进行适量运动

顺产的妈妈最适宜的运动量，主要以产妇不感到疲劳为标准，家人可以陪着她试着在室内缓缓步行。如果各方面都觉得很好，可以尝试擦浴身体，保持干净整洁。剖宫产的妈妈不必勉强下床走路，可适当按摩一下以缓解不适。

关注产后妈妈产后情绪

好爸爸应该做的

宝宝出生后，产后妈妈会感到持续的情绪低落，莫名哭泣，对周围的一切都不满意，对自己也持否定态度。在这个阶段，丈夫的理解和支持，对妻子适应产后新生活起着至关重要的作用。产后妈妈往往会有受到冷落的感觉，所以要提醒新爸爸，回到家里要多抱抱妻子，关心妻子的情绪，多倾听，多疏导，一同陪伴她度过这一段特殊的时间。

产后 1 天食谱推荐

一日餐单

早餐：红豆黑米粥，鸡蛋，苹果
午餐：荞麦米饭，三丁豆腐羹，彩椒炒肉片
午点：枸杞子姜丝汤，猕猴桃

晚餐：蟹黄豆腐，鲜菇滑牛肉，花卷
晚点：番茄鸡蛋面

红豆黑米粥 🕐 早餐

原料：红豆、黑米各 50 克，大米 20 克。

精心制作：

1. 红豆、黑米、大米分别洗净后，用清水浸泡 2 小时。
2. 将浸泡好的红豆、黑米、大米放入锅中，加入足量的水，用大火煮开。
3. 转小火再煮至红豆开花，黑米、大米熟透后即可。

营养功效：帮助产后妈妈治疗头晕目眩、贫血、白发、腰膝酸软等。

荞麦米饭 🕐 午餐

原料：荞麦、大米各 50 克。

精心制作：

1. 荞麦洗净，用水泡 10 分钟；大米淘洗干净。
2. 将荞麦、大米放入电饭锅，放入适量水，蒸熟即可。

营养功效：荞麦有预防骨质疏松、促进破裂伤口愈合、预防血亏的功效，是产后恢复的佳品。

枸杞子姜丝汤 午点

原料：姜 25 克，红糖、枸杞子各适量。

精心制作：

1. 姜去皮切丝，枸杞子洗净。

2. 锅中倒水，煮沸后加入姜丝和枸杞子，开中火继续煮 15 分钟左右。

3. 将红糖放入锅中，再次煮沸即可。

营养功效：产后气血亏空，枸杞子和姜丝可以起到益中补气的作用。

蟹黄豆腐 晚餐

原料：螃蟹 2 只，嫩豆腐 100 克，姜末、蒜末、葱花、盐各适量。

精心制作：

1. 螃蟹蒸熟，拆下蟹肉和蟹黄。

2. 豆腐切块，然后用水煮开，去豆腥味。

3. 另起锅，油热下姜末、蒜末爆香，下豆腐和蟹肉，倒水煮开，加盐调味，收汁后放入葱花。

营养功效：富含钙、镁、钾、大豆异黄酮和 B 族维生素，对产后妈妈补钙十分有益。

番茄鸡蛋面 晚点

原料：面条 100 克，番茄、鸡蛋各 1 个，鹌鹑蛋、葱花、高汤、盐各适量。

精心制作：

1. 番茄去皮切块；鸡蛋打散炒熟；鹌鹑蛋、面条煮熟。

2. 油锅炒香番茄，加入鸡蛋继续翻炒，再加入高汤。

3. 将番茄鸡蛋汤浇在面条上，加入鹌鹑蛋、葱花和盐即可。

营养功效：缓解产后妈妈大便秘结、血虚体弱、头晕乏力的症状。

　　产后如果蔬菜、水果摄入不够，易导致便秘，医学上称为产褥期便秘症。蔬菜和水果富含维生素、矿物质和膳食纤维，可促进肠胃功能的恢复。自新妈妈可进食正常餐开始，每天100克水果，数日后逐渐增加至300克水果。蔬菜开始每餐50克左右，逐渐增加至每餐200克左右。

产后 2 天食谱推荐

一日餐单

早餐：牛奶鸡蛋羹，包子

午餐：豆芽肉丝面，蓝莓

午点：腰果西蓝花

晚餐：香菇虾肉饺子，虾皮紫菜汤

晚点：银耳苹果滋补糖水

牛奶鸡蛋羹 🕐 早餐

原料：鸡蛋 1 个，牛奶 150 毫升，糖适量。

精心制作：

1. 鸡蛋加入适量糖，搅打均匀。

2. 蛋液中注入牛奶，继续搅打均匀。

3. 用细筛网将蛋液慢慢过滤两遍，滤去泡沫。

4. 隔水炖 5 分钟即可。

营养功效：含有丰富的蛋白质、氨基酸和钙质，可以帮助产后妈妈恢复体力。

豆芽肉丝面 🕐 午餐

原料：面条、鸡肉各 100 克，豆芽 20 克，番茄块、葱花、盐各适量。

精心制作：

1. 将鸡肉洗净切丝，豆芽洗净。

2. 锅内倒入清水煮开，下入面条煮至五分熟。

3. 放入鸡肉丝、豆芽和番茄块，煮至肉菜熟软，撒上葱花即可。

营养功效：富含维生素 C、维生素 E 和蛋白质，能够帮助产后妈妈调理脾胃，增强体质。

腰果西蓝花 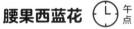 午点

原料：西蓝花 200 克，腰果 50 克，盐适量。

精心制作：

1. 将西蓝花洗净切块。

2. 锅内加水烧开，放入西蓝花焯熟，捞出。

3. 锅留少许油烧热，放入西蓝花煸炒，再放入腰果略炒，加入盐出锅即可。

营养功效：增强皮肤的抗损伤能力，有助于保持皮肤弹性，让产后妈妈的皮肤保持年轻的状态。

香菇虾肉饺子 晚餐

原料：新鲜猪肉馅、虾仁各 150 克，香菇、胡萝卜、饺子皮、盐各适量。

精心制作：

1. 胡萝卜、香菇、虾仁洗净切碎。

2. 将所有食材放到一起搅拌成饺子馅料，加入适量盐调味，用饺子皮包好。

3. 烧开水，下入饺子煮熟即可。

营养功效：含有丰富的蛋白质、维生素 A，可以增强产后妈妈的免疫力。

银耳苹果滋补糖水 晚点

原料：苹果 1 个，红枣、银耳各适量。

精心制作：

1. 银耳泡发，洗净，撕成小朵；红枣洗净，用温水泡 10 分钟；苹果洗净，切块。

2. 锅内倒清水，放入银耳和红枣，大火煮沸转小火煲 1 小时，加入苹果块煮 20 分钟即可。

营养功效：富有天然植物胶质和维生素，可以帮产后妈妈润肤祛斑。

分娩时产妇会消耗大量营养素，产后大量出汗、排恶露，也要损失一部分营养，所以，产后营养恢复非常重要。坚果和海鲜中含有的微量元素和矿物质可尽快补充足够的营养素，补益受损体质，改善产后状态，帮助妈妈早日恢复健康，助力宝宝的生长发育。

产后 3 天食谱推荐

一日餐单

早餐：蔬菜鸡蛋饼，小米粥
午餐：鲜香菌菇汤，蛋炒饭
午点：牛肉馅饼

晚餐：鲜虾炖豆腐，花卷
晚点：牛肉粉丝汤

蔬菜鸡蛋饼 🕐 早餐

原料：鸡蛋 2 个，面粉 100 克，菠菜、盐各适量。

精心制作：

1. 将菠菜洗净，焯烫一下，捞出切碎，备用。
2. 面粉中倒入打散的鸡蛋液，拌匀成面糊，加入菠菜碎，调入盐。
3. 平底锅内放适量油，将菠菜面糊平摊在锅里，煎至成型即可。

营养功效：促进身体的新陈代谢，增强人体的免疫力和抵抗力，丰富的铁对缺铁性贫血有改善作用，能使产后妈妈面色红润，光彩照人。

鲜香菌菇汤 🕐 午餐

原料：杏鲍菇 50 克，茶树菇 30 克，金针菇 20 克，姜片、盐各适量。

精心制作：

1. 杏鲍菇洗净切片；茶树菇、金针菇洗净撕条。
2. 锅中倒油，烧热后放入姜片爆香，把所有菌菇一同倒入锅内，快速翻炒至菌菇出水。
3. 加入开水，沸腾以后转小火煲 30 分钟。
4. 出锅前加盐调味即可。

营养功效：含有丰富的微量元素，可温中补气、养胃健脾，特别适合体虚、没有食欲的产后妈妈。

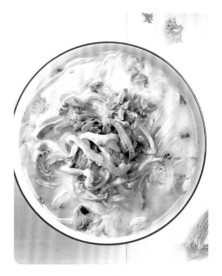

牛肉馅饼 🕐 午点

原料：面粉 250 克，白菜、牛肉馅各 200 克，葱、姜、盐各适量。

精心制作：

1. 白菜洗净切碎，葱、姜切末。
2. 将牛肉馅、白菜碎、葱末、姜末加盐搅匀。
3. 面粉加水和匀，饧好后切段擀好，加牛肉馅捏成馅饼。
4. 锅内热油，下入馅饼煎至两面金黄即可。

营养功效：营养开胃，对营养不良的产后妈妈有一定的调理功效。

鲜虾炖豆腐 🕐 晚餐

原料：虾 5 只，豆腐 100 克，葱花、姜片、盐各适量。

精心制作：

1. 将虾线挑出，豆腐洗净、切块。
2. 锅内放水烧沸，将虾和豆腐块放入焯烫，盛出。
3. 锅中热油，放入虾、豆腐块和姜片，煸炒后加水煮沸，转小火炖至虾肉熟透。
4. 最后放入盐，撒上葱花即可。

营养功效：可以有效促进产后妈妈乳汁分泌，同时含有丰富的钙质，能够补钙健体。

牛肉粉丝汤 🕐 晚点

原料：牛肉 100 克，粉丝、盐、葱丝、姜丝、香菜末各适量。

精心制作：

1. 粉丝用温水泡好，牛肉切丝。
2. 锅里放油，烧热后放牛肉丝、葱丝、姜丝煸炒，然后加水炖熟，牛肉炖熟之后放入粉丝。
3. 将粉丝煮熟，用盐调味即可。

营养功效：促进蛋白质合成和新陈代谢，有助于产后妈妈身体的恢复。

　　产后妈妈牙齿可能会出现轻微的松动，而且肠胃功能也有所减退，因此月子前期最好吃些松软易消化的食物，如菌菇、豆腐、虾仁等，这些食物都能够为产后妈妈提供充足的营养成分，促进产后妈妈身体的恢复。

产后 4 天食谱推荐

一日餐单

早餐： 玉米蛋花粥、奶香馒头
午餐： 奶油蘑菇汤，煎蛋，面包
午点： 蛋奶布丁，草莓

晚餐： 菠菜鸡蛋糕，鸡肝粥
晚点： 鸭杂粉丝汤

玉米蛋花粥 🕐 早餐

原料： 大米 50 克，鸡蛋 1 个，玉米粒、青菜各适量。

精心制作：

1. 大米洗净加水煮成粥。

2. 鸡蛋打散，倒入粥中。

3. 加入玉米粒和青菜，再煮 20 分钟即可。

营养功效： 含有丰富的蛋白质、脂肪、维生素、微量元素、纤维素及多糖等，能够帮助产后妈妈缓解便秘。

奶油蘑菇汤 🕐 午餐

原料： 口蘑 100 克，奶油、香菜、面包、盐各适量。

精心制作：

1. 口蘑洗净切丁，香菜切末，面包切丁。

2. 口蘑丁加适量水、奶油倒入料理机中，再加适量水，打成泥状。

3. 将口蘑泥倒入锅中，用大火煮沸后改小火煮 3 分钟。

4. 待汤汁变得浓稠，加面包丁、盐、香菜调味即可。

营养功效： 富含膳食纤维，可预防产后便秘。

蛋奶布丁  午点

原料：鸡蛋 1 个，牛奶 150 毫升。

精心制作：

1. 鸡蛋打入碗中，加入牛奶搅拌均匀。
2. 锅内水开后，隔水放入蛋液，中火蒸 8 分钟即可。

营养功效：滋肝养阴，补益肺腑，同时又有下乳、催乳的作用。

菠菜鸡蛋糕 晚餐

原料：菠菜 80 克，面粉 50 克，鸡蛋 2 个，盐适量。

精心制作：

1. 菠菜洗净、切碎，鸡蛋打散并加盐调味。
2. 将菠菜碎放进蛋液里，加面粉搅拌均匀，倒入容器。
3. 将菠菜鸡蛋液放进微波炉，加热至熟透，表面金黄即可。

营养功效：对缺铁性贫血有改善作用，能使产后妈妈面色红润。

鸭杂粉丝汤 晚点

原料：鸭血、鸭肠、鸭肝各 30 克，豆泡、粉丝、高汤、盐、香菜末各适量。

精心制作：

1. 鸭血、鸭肠、鸭肝洗净切好，豆泡洗净，粉丝泡开。
2. 高汤煮沸，将切好的食材放入煮开的高汤中炖熟。
3. 出锅前加香菜末和盐调味即可。

营养功效：可增加血液中铁的含量，可帮产后妈妈补铁造血，预防贫血。

季节对产后妈妈进补是有所影响的。一般传统的月子餐性质温热，适用于冬季。春秋时节，生姜等物都可稍稍减少，若是盛夏天热之际，可不用花椒烹调食物。

产后 5 天食谱推荐

一日餐单

早餐：红豆山药粥，鸡蛋
午餐：牛肉萝卜汤，南瓜饼
午点：糯米藕，樱桃

晚餐：里脊炒芦笋，香菇青菜汤，米饭
晚点：煎鳕鱼

红豆山药粥 🕐 早餐

原料：红豆、薏米各 30 克，山药 50 克。

精心制作：

1. 红豆、薏米分别洗净，山药削皮、切块。

2. 红豆和薏米放入锅中，加水煮沸后再转小火煮 1 小时。

3. 然后将山药块倒入红豆薏米水中，继续煮 10 分钟即可。

营养功效：红豆有补血的作用，山药有开胃健脾的功效，特别适合脾胃虚弱、气血两虚的产后妈妈食用。

牛肉萝卜汤 🕐 午餐

原料：牛肉 200 克，白萝卜 150 克，香油、盐、葱段、姜片、盐各适量。

精心制作：

1. 白萝卜去皮、洗净、切片。

2. 牛肉洗净、切块，放入碗内，加盐、葱段、姜片腌制 30 分钟。

3. 锅内加水，下萝卜片、牛肉块大火煮沸转小火煮至牛肉熟烂。出锅前调入盐，淋上香油即可。

营养功效：具有较高的蛋白质，脂肪含量低，含有矿物质和 B 族维生素，是产后妈妈身体需要的铁质的最佳来源。

糯米藕 🕐 午点

原料：藕 1 节，糯米、红糖各适量。

精心制作：

1. 糯米提前浸泡 2 小时。
2. 藕去皮洗净，从一端切开，把泡好的糯米装满藕孔，再把切掉的藕头盖上，用牙签固定。
3. 锅中加水、红糖，把糯米藕煮熟，凉凉切片即可。

营养功效：能尽早清除产后妈妈腹内积存的瘀血，可增进食欲，帮助消化，促进乳汁分泌。

里脊炒芦笋 ① 晚餐

原料：芦笋 150 克，猪里脊肉 200 克，红椒丁、盐各适量。

精心制作：

1. 猪里脊肉洗净切片，芦笋洗净切斜段。
2. 锅内油烧热，将肉片放入翻炒至变色。
3. 加入芦笋段、红椒丁，继续翻炒至熟，最后加盐调味即可。

营养功效：含有大量维生素、矿物质和微量元素，对产后妈妈抗氧化及泌尿系统疾病防治有很大作用。

煎鳕鱼 🕐 晚点

原料：鳕鱼肉 1 块，盐、香菜末各适量。

精心制作：

1. 鳕鱼洗净、切块，鱼身抹盐，腌制 10 分钟。
2. 锅内放油烧热，放入鳕鱼块煎至两面金黄，出锅后撒入香菜即可。

营养功效：鳕鱼肉可以帮产后妈妈活血祛瘀，有一定的保健作用。

　　为了保证水分的摄入，正常人每日饮水量应为1200毫升左右。产后妈妈由于分泌乳汁，应摄入更多的水分。正确的喝水习惯，有助于产后妈妈松弛的腹部皮肤更快地恢复弹性。但是产后妈妈在产后第1周最好不要喝过量的水，这样不能达到"利水消肿"的目的，不利于产后体形的恢复。

产后 6 天食谱推荐

一日餐单

早餐：疙瘩汤，包子
午餐：白萝卜蛏子汤，玉米饼
午点：牛奶椰汁玉米羹

晚餐：鳝鱼汤，蛋炒饭，香蕉
晚点：阿胶核桃羹

疙瘩汤　🕐 早餐

原料：面粉 100 克，番茄 1 个，香菇、香菜末、醋、盐各适量。

精心制作：

1. 番茄去皮、切块，香菇切条。
2. 碗内加适量面粉，加水，用筷子拌成小疙瘩。
3. 锅内加水烧开，放入香菇和番茄煮开，转小火加入面疙瘩。出锅前加盐、醋调味，撒上香菜末即可。

营养功效：含有充足的碳水化合物和维生素，有助于产后妈妈增强身体的免疫力。

白萝卜蛏子汤　🕐 午餐

原料：白萝卜 50 克，蛏子 200 克，姜片、盐各适量。

精心制作：

1. 蛏子放入清水中泡 2 小时，放入沸水中焯烫一下，捞出剥去外壳；白萝卜削皮，洗净，切片。
2. 锅内放油烧热，放入姜片爆香，倒入清水，将剥好的蛏子肉、萝卜片一同放入锅内炖煮。
3. 出锅前加盐调味即可。

营养功效：含有丰富的蛋白质、钙、铁、硒、维生素 A 等营养元素，对产后妈妈身体虚损有较大的助益。

牛奶椰汁玉米羹  午点

原料：牛奶 150 毫升，椰汁 50 毫升，新鲜玉米半根。

精心制作：

1. 玉米剥下玉米粒，放入料理机搅打成玉米茸。
2. 将玉米茸放入锅中煮开。
3. 再倒入牛奶、椰汁略煮即可。

营养功效：富含优质蛋白和膳食纤维，即营养可口，又能减轻产后妈妈的肠胃负担。

鳝鱼汤 晚餐

原料：鳝鱼 200 克，葱、姜、淀粉、盐、料酒、高汤各适量。

精心制作：

1. 鳝鱼洗净、切段，葱切段，姜切片，淀粉加水并兑成水淀粉备用。
2. 锅中热油，放入切好的鳝鱼段翻炒，加入高汤炖煮，淋上水淀粉勾芡，最后调入盐即可。

营养功效：含有蛋白质及多种维生素和矿物质，具有保护视力的功效，同时对产后恶露不尽、气血不调都有改善作用。

阿胶核桃羹 晚点

原料：阿胶 20 克，核桃仁适量。

精心制作：

1. 核桃仁去皮捣碎。
2. 将阿胶与少量水放入碗中，隔水蒸化。
3. 将蒸好后的阿胶放入锅内，与核桃仁再同煮 5 分钟即可。

营养功效：可以起到滋补气血、补脑健脑、促进代谢的作用，适合身体虚弱的产后妈妈进补。

　　小米粥特别有营养，但是也不能只以小米粥为主食，而忽视了其他营养成分的摄入。刚分娩后的几天可以小米粥等流质食物为主，但当产后妈妈的肠胃功能恢复之后，就需要及时均衡地补充多种营养成分，否则可能会导致营养不良。

产后 7 天食谱推荐

一日餐单

早餐：黑芝麻花生粥，蒸饺
午餐：银耳百合鹌鹑蛋，米饭
午点：玫瑰牛奶草莓露，橘子

晚餐：清蒸鲈鱼，香菇油菜，鸡蛋饼
晚点：枸杞子鸭肝汤

黑芝麻花生粥 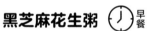 早餐

原料：黑芝麻、花生各 20 克，大米 50 克，冰糖适量。

精心制作：

1. 大米洗净并用清水浸泡 30 分钟，花生洗净。

2. 锅内放入黑芝麻，不用放油，小火炒熟。

3. 将浸泡好的大米、炒熟的黑芝麻、花生一同放入锅中，加清水以大火煮沸后转小火慢熬。

4. 煮熟后，加入适量冰糖调味即可。

营养功效：能为产后妈妈全面补充营养，具有抗氧化作用，其中富含的钙质能降低产后缺钙的可能性。

银耳百合鹌鹑蛋 午餐

原料：干银耳 1 朵，鹌鹑蛋 5 个，干百合、冰糖、枸杞子各适量。

精心制作：

1. 干银耳洗净、去蒂、泡发，放入碗中加清水，上锅蒸熟。

2. 鹌鹑蛋煮熟、剥皮，干百合洗净、泡发，枸杞子洗净。

3. 锅中加清水、冰糖煮沸，再放入银耳、鹌鹑蛋、枸杞子、百合，稍煮即可。

营养功效：具有祛寒止痛的功效，对寒湿、气滞引起的子宫虚寒、腰背冷痛有一定的改善作用。

玫瑰牛奶草莓露 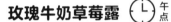 午点

原料：玫瑰花瓣 5 克，草莓 100 克，牛奶 250 毫升。

精心制作：

1. 将玫瑰花瓣和草莓洗净、榨汁。
2. 将牛奶倒入果汁中，搅拌均匀即可。

营养功效：坚持食用可以让产后妈妈身体的抗病能力明显提高，同时具有美白养颜的功效。

清蒸鲈鱼 晚餐

原料：新鲜鲈鱼 1 条，姜丝、葱丝、料酒、盐各适量。

精心制作：

1. 将鲈鱼收拾干净，取葱丝、姜丝码在鱼身上，淋入 1 勺料酒。
2. 蒸锅倒入清水，水开后将鱼放入，大火蒸熟，加盐后关火。
3. 另取锅热油，油热后浇在鱼身上即可。

营养功效：对产后肝肾不足有很好的补益作用，而且鲈鱼有催乳作用，可缓解产后乳汁分泌不足。

枸杞子鸭肝汤 晚点

原料：鸭肝 4 个，胡萝卜半根，枸杞子、高汤、盐各适量。

精心制作：

1. 鸭肝、胡萝卜分别洗净，切片。
2. 高汤煮开，放鸭肝片、胡萝卜片、枸杞子煮至沸腾，转小火煮 10 分钟。
3. 出锅前加盐调味即可。

营养功效：适合贫血的产后妈妈食用，可提高产后妈妈的免疫力，对产后视力的恢复也有所帮助。

　　产妇开始泌乳后必须加强营养，这时的食物品种应多样化，但千万不要依靠服用营养素来代替饭菜，应遵循人体的代谢规律，每天摄入新鲜食材，真正坚持药补不如食补的原则。

吃好
42天月子餐

第三章

产后第 2 周　滋养进补

　　经过一周的短暂休息与调整，产后妈妈的体力有所恢复。从医院回到家中坐月子，虽暂时远离了医护人员的专业指导，但一样可以科学有效地度过这段特殊时期。在家中，居室环境更温馨舒适，饮食上也可更大限度地满足胃口。产后妈妈的家人也有更多时间陪同在侧，还可以让家中有科学育儿经验的老人协助照顾宝宝，这些有利条件都能帮助产后妈妈度过一个舒心、健康的月子。

产后第 2 周的饮食原则

产后妈妈的催乳需要循序渐进，不宜操之过急。刚刚生产后，乳腺才开始分泌乳汁，不宜食用大量油腻催乳的食物，避免影响乳汁流出。

需要提前准备的食材

木瓜：补充维生素
猪肝：适当催奶
木耳：清肠通便
胡萝卜：提高乳汁质量
山药：保护脾胃
豆芽：补充水分
红枣：益气补血

少食多餐

孕期时胀大的子宫对其他器官都造成了压迫，产后的肠胃功能还没有恢复正常，所以要少食多餐，可以一天吃五到六次。采用少食多餐的原则，既保证营养，又不增加肠胃负担，从而让身体慢慢恢复。

荤素搭配营养丰富

从营养角度来看，不同食物所含的营养成分都有所不同，而人体所需的营养是多方面的，过于偏食会导致一些营养素缺乏。

传统观点往往提倡月子里多吃鸡、鱼、蛋，而忽视其他食物的摄入，但一些素食除含有肉类食物不具有或少有的营养素外，还含有纤维素，能促进消化，防止便秘。因此，荤素搭配，营养才能丰富。

及时补充体内水分

产后妈妈在产程中及产后都会大量地排汗，再加上要给新生的宝宝哺乳，而乳汁中约 88% 的成分都是水，因此，产后妈妈要大量地补充水分，喝汤是个既补充营养又补充水分的好办法。

虽然水果饱含水分，但不能用水果替代饮水来补充水分。

肉和汤一样重要

很多产后妈妈应该都知道，常喝些汤，如鸡汤、排骨汤、鱼汤和猪蹄汤等，有助于泌乳和恢复体力，但传统观点往往认为肉的营养都留在了汤里，所以只喝汤不吃肉即可。其实，肉的营养价值也很高，喝汤的同时也要吃些肉类，如此方能补充蛋白质，有助于恢复产后妈妈的体力。

煲汤宜选瘦肉，否则易使产后妈妈乳腺堵塞。

还不能立即减肥

从妊娠到坐月子，产后妈妈吃得好、吃得多，产后体重增加，为了能够快速恢复身材，有的产后妈妈开始节食减肥。其实，这一阶段增加的体重主要来源于水分和脂肪，在产后妈妈给宝宝哺乳的时候，已经消耗了体内大量水分和脂肪，所以产后妈妈不宜立即节食减肥。

产后妈妈可以多吃富含膳食纤维的蔬菜，促进肠道消化。

远离辛辣食物

普通人经常吃辛辣的食物都容易上火，产后妈妈就更是如此了。产后妈妈上火不仅会使乳汁产生变化，使宝宝跟着一起上火，还会让产后妈妈增加得痔疮的风险。产后妈妈腹内压增高，本就是痔疮的高发人群，再加上坐月子运动减少，很容易得痔疮。

油炸、属性温热的食物也不宜多吃。

不宜吃腌制食品

其实腌制蔬菜中的营养素大部分已经被破坏，并且其中含有大量的盐分。产后妈妈不宜食用过量的盐，因为宝宝的肾脏没有完全发育，从产后妈妈乳汁中吸收没有营养的物质及过量的盐分，对宝宝的发育会造成一定的影响。

腌制的果脯也是同样的道理，产后妈妈不宜食用。

哺喂讲堂——宝宝溢奶怎么办

　　进入第 2 周，产后妈妈的泌乳量与宝宝的食量都增加了。这时新问题又来了，宝宝在月子里吃完奶之后吐奶、溢奶怎么办？这些问题会不会导致宝宝营养和热量摄入不足，不利于宝宝的生长发育？其实，多数宝宝都会发生溢奶，学会科学处理就不必过分担心了。

溢奶是正常现象

　　刚出生不久的宝宝胃呈水平位，胃底平直，比较容易溢奶。另外，这个阶段胃和食道连接的贲门括约肌发育较差，较松弛，所以在胃中的奶和水易反流。

　　另外，宝宝胃容量较小，奶吃多了的话也容易造成溢奶。如果宝宝体重正常增加，没有因溢奶而呛到，溢奶也不过于激烈，新妈妈都可以放心。

溢奶后的处理方法

　　宝宝溢奶之后要立刻清除口腔及鼻腔内的奶水，再翻转宝宝的身体，使其脸朝下，拍打宝宝背部，使口鼻、气管及肺中的奶水能有效咳出来。

　　在这个过程中，如果宝宝大声哭不要担心，哭的动作会导致大量吸气、吐气，可借以清除呼吸道和口腔中的异物。但溢奶如果异常强烈，要考虑宝宝是否肠胃功能异常，要及时就医。

怎样预防溢奶

　　妈妈要注意及时给宝宝喂奶，特别饿的宝宝吃奶的时候容易过于着急，导致吸入大量的空气而造成溢奶。妈妈在哺乳时，要采用正确的哺乳姿势，将宝宝抱起处于 45℃的倾斜状态。

　　哺乳后，不要马上将宝宝放下平躺，最好竖着抱起来，五指弯曲成中空状，轻轻拍打宝宝的后背直至宝宝打嗝。另外要注意，不要一次让宝宝吃太多。

每次喂奶以后，都要把宝宝竖起来轻轻拍背，等嗳气后才能躺下。

给家人的护理建议

即便分娩已经将近 2 周，但对于产后妈妈来说，身体仍然处于恢复阶段，因此在生活细节上还是要格外注意。此时，产后妈妈的身体还没有完全恢复，稍不注意可能落下"月子病"。

不要忽略脚部护理

月子里一定要注意足部的保暖。足部着凉会引起腹部不适，所以家人一定要给产后妈妈选择柔软的棉拖鞋，最好是脚跟包起来的那种，这样产后妈妈的足部就不会受凉，在家行走时也不会因为拖鞋过硬而造成脚掌疼痛。月子鞋最好选用防滑底，月子里产后妈妈血虚头晕，脚下常像踩着棉花一样，过于光滑的鞋底部往往会导致摔倒。

注意养护眼睛

分娩之后，许多产后妈妈可能发生眼花、看物不清的状况，甚至还会觉得光线刺眼。不要过度紧张，这是由于产后体内激素变化导致的正常现象。但此时的眼睛比较脆弱，所以产后妈妈要注意用眼卫生、用眼时间等问题，家人们要时常监督产后妈妈，多闭目养神，不要过度使用手机和电脑。

爱吃也不能多吃

身体恢复良好，产后妈妈渐渐对饭菜有了食欲，不知不觉就加了饭量。但一定要叮嘱产后妈妈，不要过量饮食，只要吃饱就好。暴饮暴食会降低营养的吸收率，给肠胃增加负担，导致消化系统出现问题。

好爸爸应该做的

关注产后妈妈的便秘情况

产后妈妈本就容易出现便秘，如果在有便意的时候没有及时如厕会加重这种状况。在产后妈妈需要如厕的时候，可能因伤口等原因动作不便。此时，爸爸要贴心地帮助妈妈下床，协助妈妈及时如厕，并在日常生活中提醒产后妈妈多喝水，促进肠胃蠕动。

产后 8 天食谱推荐

一日餐单

早餐：红薯粥，鸡蛋，奶黄包
午餐：鲈鱼豆腐汤，糙米饭
午点：木瓜牛奶露

晚餐：鸡肉香菇面，香煎牛肉饼
晚点：肉末蒸蛋

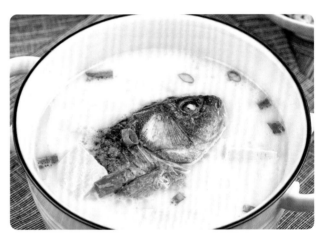

红薯粥 早餐

原料：红薯 80 克，小米 50 克，熟黑芝麻适量。

精心制作：

1. 红薯洗净、切块，小米洗净。
2. 锅内倒水，放入小米和红薯，以大火煮沸后转小火继续煮至粥稠。
3. 出锅前加入熟黑芝麻即可食用。

营养功效：含有大量的膳食纤维，能够有效刺激肠道蠕动和消化液的分泌，降低产后妈妈肠道疾病的发生率，预防便秘。

鲈鱼豆腐汤 午餐

原料：鲈鱼 1 条，豆腐 200 克，葱、姜、盐各适量。

精心制作：

1. 鲈鱼收拾干净，豆腐洗净、切块，葱切段，姜切片。
2. 锅中放油烧热，放入葱末、姜片爆香，再放入鲈鱼煎一下。
3. 锅中加入适量水，大火煮沸转小火煲 30 分钟。
4. 加入豆腐，煮至熟透，加适量盐调味即可。

营养功效：富含蛋白质、维生素、矿物质，一起食用可帮助产后妈妈温和滋补，有益气健脾的功效。

木瓜牛奶露  午点

原料：木瓜半个，牛奶 250 毫升，冰糖适量。

精心制作：

1. 将木瓜洗净去皮，切成小块。

2. 将木瓜块放入锅内，加入清水没过木瓜。

3. 大火煮开后，加入牛奶、冰糖，转小火熬 5 分钟即可。

营养功效：含有丰富的木瓜酵素和维生素 A，能帮助产后妈妈抗衰美容、平肝和胃、舒筋活络。

鸡肉香菇面 晚餐

原料：面条 150 克，香菇 5 个，鸡肉 100 克，油菜、盐各适量。

精心制作：

1. 香菇、油菜洗净，焯烫一下，捞出沥干。

2. 锅内清水煮沸，下入面条，煮熟后捞起。

3. 油锅烧热，下香菇、鸡肉煸炒，加适量清水煮沸。

4. 加适量盐，放上油菜即可。

营养功效：促进体内钙的吸收，并可增强产后妈妈抵抗疾病的能力。

肉末蒸蛋 晚点

原料：鸡蛋 1 个，里脊肉 50 克，葱花、盐各适量。

精心制作：

1. 里脊肉洗净切末，鸡蛋打散并加盐调味。

2. 油锅烧热，下入葱花、肉末炒香。

3. 鸡蛋液上锅蒸 12 分钟左右。

4. 将炒熟的肉末淋在蒸好的蛋羹上即可。

营养功效：对产后妈妈有养血、补益五脏的功效。

　　香甜的水果对失眠和情绪紧张有一定的改善作用，具有安抚的效果，吃点香甜的水果，如香蕉，木瓜，橙子等，可起到镇静作用。产后妈妈拥有稳定的情绪，才会与宝宝建立起良好的亲子关系。

产后 9 天食谱推荐

一日餐单

早餐：五谷豆浆，煎蛋，葱油饼　　**晚餐：**冬瓜虾仁汤，生煎包
午餐：猪肝拌菠菜，茄丁面　　　　**晚点：**黑芝麻米糊
午点：玉米青豆羹

五谷豆浆 🕐早餐

原料：黄豆 40 克，大米、小米、小麦仁、玉米糁各 10 克，糖适量。

精心制作：

1. 黄豆洗净并提前用清水浸泡 10 小时左右，大米、小米、小麦仁、玉米糁分别洗净。

2. 将大米、小米、小麦仁、玉米糁和泡好的黄豆一起放入料理机中，加水至上下水位线间，制成豆浆。

3. 待豆浆制作完成后过滤，加适量糖调味即可。

营养功效：含有丰富的大豆蛋白、膳食纤维、钙、铁、锌等，可预防产后妈妈缺铁性贫血。

猪肝拌菠菜 🕐午餐

原料：猪肝 100 克，菠菜 150 克，香菜、姜、香油、醋、盐各适量。

精心制作：

1. 猪肝洗净，切成片，放入清水锅中煮熟，捞出。

2. 菠菜洗净，切段，焯烫一下，捞出沥干。

3. 香菜择洗干净、切段，姜切末。

4. 把猪肝片、菠菜、姜末放入碗中，用盐、醋、香油兑成调味汁，浇在食材上，撒上香菜即可。

营养功效：含有丰富的维生素 A、维生素 D、维生素 B_{12}、叶酸，产后妈妈多食可增加铁的摄入，改善产后贫血等情况。

玉米青豆羹 🕐 午点

原料：新鲜玉米 1 根，青豆 20 克，大米 50 克。

精心制作：

1. 新鲜玉米洗净并剥下玉米粒，青豆、大米分别洗净。
2. 锅内加水，将所有食材放入，以大火煮开后转小火熬至粥黏稠即可。

营养功效：玉米有利尿作用，对减肥有利；青豆富含不饱和脂肪酸和大豆磷脂，二者搭配食用可帮助产后妈妈缓解便秘症状。

冬瓜虾仁汤 🕐 晚餐

原料：冬瓜 150 克，虾 6 只，盐适量。

精心制作：

1. 冬瓜洗净、去皮、切薄片，虾挑去虾线、洗净。
2. 锅内放入冬瓜片，加水大火煮沸转小火。
3. 下入虾以小火慢煮，待水再次沸腾，加适量盐调味。

营养功效：滋阴润燥、补虚益气、开胃健脾，是产后妈妈理想的补养菜肴。

黑芝麻米糊 🕐 晚点

原料：大米 50 克，黑芝麻 30 克。

精心制作：

1. 大米浸泡 2 小时后放入料理机，加水搅拌成米浆。
2. 将芝麻倒入料理机中，打成粉末状。
3. 把磨好的米浆和芝麻粉倒入锅中，小火煮沸即可。

营养功效：有补脾、和胃、清肺等功效，也有益气、养阴、润燥的功能，有助于产后妈妈的头发恢复乌黑亮丽。

　　刚生产的妈妈，身体内的雌激素会突然降低，很容易心情抑郁，情绪容易波动、不安、低落，常常为一点小事不称心而感到委屈，甚至伤心落泪。此时，应该多吃些鱼肉和海产品，鱼肉含有一种特殊的脂肪酸，有抗抑郁作用，有助于减少产后抑郁症的发生。

产后 10 天食谱推荐

一日餐单

早餐：鸡肝粥，鸡蛋，小笼包
午餐：花生炖猪蹄，蛋炒饭
午点：小米面发糕

晚餐：豌豆鳕鱼块，虾皮紫菜汤，米饭
晚点：白萝卜骨头汤

鸡肝粥 🕐 早餐

原料：鸡肝 5 个，大米 50 克，葱丝、盐各适量。

精心制作：

1. 鸡肝洗净、切片，大米洗净。
2. 鸡肝与大米同放锅中，加清水适量，以大火煮沸后转小火煮至黏稠。
3. 待煮熟之时调入葱丝、盐，再次煮沸即可。

营养功效：鸡肝粥中含有丰富的蛋白质、脂肪、糖类、钙、磷、铁及维生素 A，能帮助产后妈妈缓解肝血不足所致的头晕目眩，视力下降，眼目干涩及各种贫血等。

花生炖猪蹄 🕐 午餐

原料：猪蹄 1 个，花生 50 克，香菜、料酒、盐各适量。

精心制作：

1. 猪蹄收拾干净、切块，花生用清水泡 30 分钟。
2. 锅中放水，将猪蹄、花生、料酒倒入，大火烧开。
3. 转小火炖 1 小时，出锅前放盐调味，撒上香菜即可。

营养功效：具有催乳作用，对于处于哺乳期的妈妈能起到催乳的作用。

小米面发糕 🕐 午点

原料：小米面 200 克，面粉、红豆各 50 克，酵母适量。

精心制作：

1. 红豆洗净煮熟。面粉加入酵母，温水和匀，静置发酵。
2. 面发好后加入小米面、红豆，和成面团，静置 20 分钟。
3. 蒸锅烧水，放入面团，大火蒸 15 分钟即可。

营养功效：具有滋阴养血的功效，可以帮助产后妈妈恢复体力。对泻肚、呕吐、消化不良及患糖尿病的产后妈妈都有帮助。

豌豆鳕鱼块 🕐 晚餐

原料：豌豆 100 克，鳕鱼 200 克，姜片、料酒、盐各适量。

精心制作：

1. 鳕鱼洗净，去皮去骨，切块，豌豆洗净。
2. 用料酒、姜片把切好的鳕鱼块腌制 30 分钟。
3. 锅中放油，倒入豌豆煸炒出香味，再倒入腌好的鳕鱼块，炒至熟透。
4. 最后放入盐调味即可。

营养功效：具有抗菌消炎、加速产后妈妈新陈代谢的功能。

白萝卜骨头汤 🕐 晚点

原料：白萝卜 100 克，排骨 200 克，姜片、香菜末、盐各适量。

精心制作：

1. 排骨焯熟，白萝卜削皮切块。
2. 将焯好的排骨、白萝卜块和姜片一起放进锅里，加适量水，以大火煮沸后转小火煲 1 小时。
3. 加盐调味，撒上香菜即可。

营养功效：含有丰富的碳水化合物和各种维生素，有助于产后妈妈补充水分和各种营养物质。

　　晚上喝牛奶，不但有助于睡眠，而且有助于人体对其营养成分的吸收，同时可以让产后妈妈的紧张情绪稳定下来。

产后 11 天食谱推荐

一日餐单

早餐：燕麦黑豆浆，南瓜饼，苹果　　　　**晚餐**：菠菜魔芋虾汤，炒面
午餐：百合炒肉，小馄饨，鸡蛋饼　　　　**晚点**：番茄鱼片
午点：火龙果酸奶汁

燕麦黑豆浆 🕐 早餐

原料：黑豆、燕麦各 30 克，糖适量。

精心制作：

1. 黑豆、燕麦洗净，提前用水浸泡 2 小时。
2. 将黑豆和燕麦放入料理机中，加适量清水打浆，烧开后加入糖调味。

营养功效：含有丰富的维生素和膳食纤维，其中维生素 E 的含量比肉类高，可以帮产后妈妈美容养颜、补血益气、祛湿利尿。

百合炒肉 🕐 午餐

原料：百合 80 克，猪里脊肉 300 克，葱丝、盐各适量。

精心制作：

1. 猪里脊肉洗净，切片，百合洗净。
2. 油锅烧热，放入葱丝、肉片、百合，翻炒至熟，加盐调味即可。

营养功效：猪肉里面含有较丰富的铁元素，能有效预防产后妈妈缺铁性贫血。

火龙果酸奶汁 午点

原料： 火龙果、柠檬各 1 个，酸奶 200 毫升。

精心制作：

1. 火龙果去皮，切块；柠檬去皮，榨成汁。
2. 取适量柠檬汁倒入料理机中，再加入火龙果块、酸奶拌匀即可。

营养功效： 含有丰富的花青素，有抗炎的功效，还可以帮助预防产后妈妈抑郁。

菠菜魔芋虾汤 晚餐

原料： 虾 5 个，菠菜 100 克，魔芋 50 克，盐适量。

精心制作：

1. 虾洗净去虾线；菠菜、魔芋洗净切段。
2. 热锅烧油，放入虾炒至变色。
3. 加清水、魔芋，以小火煮 20 分钟后，下入菠菜段再次煮沸，出锅前加盐调味即可。

营养功效： 含有丰富的蛋白质、钙、磷、铁、锌和多种维生素，可帮助产后妈妈通乳、补血、调养身体。

番茄鱼片 晚点

原料： 番茄 1 个，草鱼肉 200 克，葱段、姜片、盐各适量。

精心制作：

1. 草鱼切片，用葱段、姜片腌制 10 分钟，番茄切片。
2. 油锅烧热，放入葱段、姜片爆香，倒入番茄炒至软烂，析出汤汁，加水煮开。
3. 下入鱼片煮至变色，加适量盐调味即可。

营养功效： 对产后贫血、营养不良、产后虚弱和神经衰弱的症状会有一定改善作用。

产后抑郁是暂时的，但不要忽视它，正确面对和对待它。产后妈妈需要取得家人的理解与呵护，多与有同样经历的妈妈讨论一下育儿经验，多分散注意力。

产后 12 天食谱推荐

一日餐单

早餐：红枣豆浆，面包，香蕉
午餐：木耳炒鸡蛋，红烩海鲜汤，麻酱花卷
午点：牛奶胡萝卜汁

晚餐：豆芽排骨汤，清炒西蓝花，米饭
晚点：红豆紫米羹

红枣豆浆 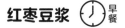 早餐

原料：红枣 10 克，黄豆 30 克，糖适量。

精心制作：

1. 红枣洗净，黄豆提前泡好。
2. 将红枣和黄豆放进料理机，加适量清水打浆。
3. 煮开后加适量糖即可饮用。

营养功效：黄豆补充蛋白质，红枣补气养血，两者搭配对产后妈妈来说非常有益。

木耳炒鸡蛋 午餐

原料：鸡蛋 2 个，木耳 200 克，葱花、香油、盐各适量。

精心制作：

1. 木耳洗净，鸡蛋打散。
2. 锅内油烧热，将鸡蛋液翻炒至熟，盛出。
3. 锅内再加油，下入葱花爆香，放入木耳略煸炒，再放入鸡蛋炒匀。
4. 最后加盐调味，淋上适量香油即可。

营养功效：鸡蛋营养丰富，可增强免疫力，但吃多不易消化，要注意适量。

牛奶胡萝卜汁 🕐 午点

原料： 胡萝卜 200 克，牛奶 250 毫升。

精心制作：

1. 胡萝卜去皮洗净后，切小丁，放入料理机。
2. 倒入牛奶，开启榨汁模式，3 分钟左右即可。

营养功效： 有助于产后妈妈美白皮肤，强壮骨骼和牙齿，对视力也有保护作用。

豆芽排骨汤 🕐 晚餐

原料： 黄豆芽 100 克，排骨 150 克，盐适量。

精心制作：

1. 黄豆芽洗净；排骨切块，放入沸水中焯烫一下，捞出沥干。
2. 将黄豆芽、排骨放入锅中，加适量水，大火煮沸转小火炖熟。
3. 最后加盐调味即可。

营养功效： 排骨中丰富的钙质可维护产后妈妈骨骼健康，和豆芽搭配则具有健脑抗疲劳、美容美颜的作用。

红豆紫米羹 🕐 晚点

原料： 红豆 20 克，紫米 10 克，大米 50 克，冰糖适量。

精心制作：

1. 红豆、紫米分别洗净，用清水浸泡 1 小时，大米洗净。
2. 锅内放入红豆、紫米、大米，加水，大火煮开转至小火慢慢熬至粥黏稠，加适量冰糖调味。

营养功效： 含多种维生素、矿物质，能益气补血，缓解产后妈妈盗汗、多汗等症状。

产后妈妈在月子中吃了很多大补的食物，很容易上火。一旦产后妈妈上火，身体健康便会受影响，不利于产后妈妈的调养，而且还会对乳汁有所影响，所以产后妈妈要注意照顾好自己，此时应当多吃一些清火的食物，如豆芽、苹果、芹菜等。

产后 13 天食谱推荐

一日餐单

早餐：山药粥，鸡蛋，华夫饼
午餐：时蔬汤，芹菜炒肉片，牛肉馅饼
午点：鸡胸肉沙拉，火龙果

晚餐：红烧牛肉面，土豆烧豆角
晚点：黑芝麻拌莴苣

山药粥 🕐 早餐

原料：大米 50 克，山药 30 克，糖适量。

精心制作：

1. 大米洗净，用清水浸泡 30 分钟；山药洗净，削皮后切片。
2. 锅内加入清水，将山药放入锅中，加入大米，同煮成粥。
3. 待大米绵软，再加适量糖，煮 3 分钟即可。

营养功效：可有效调理产后妈妈因脾胃不和引起的消化不良。

时蔬汤 🕐 午餐

原料：木耳、腐竹各 20 克，菠菜 10 克，山药 30 克，盐适量。

精心制作：

1. 将所有食材洗净，山药切片，腐竹、菠菜切段，木耳撕小朵。
2. 锅中放油烧热，将全部食材放入煸炒，加入适量的开水，大火煮开，小火熬煮 10 分钟左右。
3. 出锅前放入盐调味即可。

营养功效：含有丰富的维生素 C，能使产后妈妈肌肤光滑、白净，同时具有活血通乳、健脾开胃、润肺利尿的功效。

鸡胸肉沙拉  午点

原料：鸡胸肉 200 克，洋葱 10 克，番茄 30 克，牛油果半个，鸡蛋 1 个，芝士碎、猪肉脯、沙拉醋各适量。

精心制作：

1. 鸡胸肉、洋葱切碎煎熟，鸡蛋煮熟切碎，牛油果、番茄切碎。
2. 撒上适量芝士碎和猪肉脯碎，用沙拉醋拌匀即可食用。

营养功效：荤素搭配，高蛋白易吸收，爽口益脾胃，多种维生素和膳食纤维促进产后妈妈消化。

红烧牛肉面 晚餐

原料：面条 100 克，牛肉 150 克，油菜 2 棵，糖、盐各适量。

精心制作：

1. 牛肉切块焯熟；面条煮好；油菜洗净焯熟。
2. 热锅凉油放糖、盐炒出颜色，倒入牛肉翻炒。
3. 锅中倒水炖煮 30 分钟，将煮好的面条倒入牛肉汤中，将油菜放入即可。

营养功效：牛肉富含蛋白质，可提高免疫力，所以特别适合坐月子期间的妈妈调养身体。

黑芝麻拌莴苣 晚点

原料：莴苣 200 克，熟黑芝麻 25 克，糖、香油、醋、盐各适量。

精心制作：

1. 莴苣去皮切丝。
2. 锅中放入适量清水，水开后下入莴苣丝，焯熟，捞出沥干。
3. 将焯好的莴苣丝放入碗中，放入熟黑芝麻搅匀。
4. 放入适量的糖、醋、盐、香油，拌匀即可。

营养功效：莴苣能增进产后妈妈食欲，同时能够通乳利尿、增强抵抗力、预防便秘。

顺产妈妈可以进行适当的锻炼，饮食上的注意事项也相对较少。坚持少油、少脂、高维生素、高膳食纤维的饮食习惯，如多吃些番茄、冬瓜等食物，就能避免脂肪继续增加，为以后的瘦身做好准备。

产后 14 天食谱推荐

一日餐单

早餐：香菇粥，烧卖，煎蛋

午餐：菠菜炒牛肉，鲫鱼豆腐汤，米饭

午点：香浓玉米汁

晚餐：番茄炒鸡蛋，玉米松仁，奶香馒头

晚点：红枣莲子糯米粥

香菇粥 🕐 早餐

原料：大米 50 克，香菇 3 朵，玉米粒、盐各适量。

精心制作：

1. 大米洗净；香菇洗净，撕成丁，入开水焯烫 2 分钟，捞出沥干。

2. 将大米放入锅内，加入适量清水，大火煮沸转小火熬煮至米软粥稠。

3. 下入香菇和玉米粒继续煮 5 分钟左右，最后加盐调味。

营养功效：含有丰富的微量元素，特别适合体虚、没有食欲的产后妈妈。

菠菜炒牛肉 🕐 午餐

原料：牛肉 100 克，菠菜 150 克，胡萝卜、酱油、料酒、姜末、盐各适量。

精心制作：

1. 牛肉切片，加料酒、酱油、姜末腌制。

2. 菠菜洗净切段，胡萝卜切片。

3. 锅内放油，油热加入姜末煸炒出香味，放入腌好的牛肉炒熟，盛出。

4. 锅内留底油，油热加入菠菜段、胡萝卜片、牛肉片，大火翻炒。出锅前加适量盐调味即可。

营养功效：能改善产后妈妈体内铁缺乏的状态，预防产后贫血。

香浓玉米汁  午点

原料： 新鲜玉米 1 根，牛奶 200 毫升。

精心制作：

1. 玉米剥成粒，放入料理机，倒入牛奶，绞碎。
2. 将玉米汁倒出过滤，放入汤锅中用中火慢慢加热，至玉米汁沸腾即可。

营养功效： 能帮产后妈妈渐复气血，提高机体免疫力，并有助于改善贫血。

番茄炒鸡蛋 晚餐

原料： 番茄 1 个，鸡蛋 2 个，糖、盐、葱花各适量。

精心制作：

1. 番茄洗净、切块，鸡蛋打散。
2. 锅内放入适量油，油热将鸡蛋放入锅内翻炒，盛出。
3. 继续向锅内放入适量油，加入番茄块翻炒至变软，加入炒好的鸡蛋。
4. 放入糖、盐调味，撒上葱花即可。

营养功效： 番茄是富含维生素的健康蔬菜，其中还含有抗氧化成分，能够帮助产后妈妈延缓衰老。

红枣莲子糯米粥 晚点

原料： 糯米 50 克，红枣、莲子各适量。

精心制作：

1. 糯米洗净，清水浸泡 2 小时；红枣洗净，去核；莲子洗净。
2. 将糯米、莲子一起放入锅内，加适量水，先以大火煮沸再转小火煮 30 分钟。
3. 加入红枣继续熬煮 10 分钟即可。

营养功效： 能增强产后妈妈的免疫能力。

虽说每天的小便量也很多，但是总觉得身上还是肿肿的，利水消肿成为产后妈妈初期保健的一个重要任务，应多补充些利于消肿的食物。

吃好
42天月子餐

第四章
产后第3周 补血调气

经过近半个月的恢复，产后妈妈无论是体力还是精神状态都比刚分娩后强了很多。这个时期要继续留意生活细节，时刻关注子宫的恢复情况。同时应加强饮食营养，适当活动身体，以更饱满的精神状态和愉悦的心情，来担起照顾宝宝的重任。

产后第 3 周的饮食原则

产后妈妈的身体恢复仍是本周的重点，产后妈妈如果情况良好，本周就可以开始着手催乳了，但产后妈妈要注意催乳和补充多种营养素需同时进行，这样既能帮助产后妈妈尽快复原，也能提高乳汁质量。

需要提前准备的食材

核桃：增强免疫力
南瓜：缓解便秘
乌鸡：促进康复
丝瓜：补充维生素
草莓：清热去火
芹菜：安神助眠
西蓝花：改善抑郁

吃对食材预防脱发

生产后由于身体虚弱，可能会造成生理性脱发。产后妈妈可以进食含丰富蛋白质的食物，比如鱼、肉、鸡蛋、牛奶、黑芝麻、紫米、核桃、葵花子等。

产后妈妈应放松心情，只需要在饮食方面多加注意，调理好身体，补充适当的营养，不必过于担忧和焦虑，浓密的头发还会慢慢生长出来。

高蛋白加强进补

分娩让身体损耗极大，很难在短时间内完全复原，通过前 2 周的饮食调养，产后妈妈会明显感觉有劲儿了。

但是此时仍要注意补充体力，以避免出现身体疼痛、不适等症状，产后妈妈可以吃富含蛋白质的肉类、蛋类等食物进补。

食用香油有好处

香油中含有丰富的不饱和脂肪酸，能够促使子宫收缩和恶露排出，帮助子宫尽快复原，同时还有软便作用，避免产后妈妈承受便秘之苦。

同时，香油中还含有丰富的氨基酸，对于气血不足的产后妈妈恢复身体有很好的滋补功效。

核桃有生发、乌发的功效，可以使产后妈妈的脱发问题得以缓解，但不能过量食用。

苹果放在饭后吃

苹果有种种好处，可改善忧郁，减轻压抑，滋润皮肤，保护血管，并能增强人体的抵抗力，促进伤口愈合。但是，饭前吃苹果容易影响正常的进食和消化，放在饭后吃可以在一定程度上缓解产后妈妈的忧郁和压抑感。

苹果较为坚硬，切片食用更加容易消化。

不宜吃巧克力

虽然在分娩时，妈妈需要巧克力或热量棒等高热量的食物来补充热量，但这不代表产后也可以吃巧克力。巧克力中所含的可可碱能够进入母乳，被宝宝吸收并蓄积在体内。久而久之，可可碱会损伤宝宝的神经系统和心脏，导致宝宝消化不良，睡觉不安稳，爱哭闹。

偶尔可以选择可可脂含量超过 90% 的巧克力食用。

远离冷水冷气

产后妈妈在坐月子期间，应该注意尽量少接触冰凉、寒冷的环境。偶尔碰碰凉水并不会有很大的害处，但是，建议产后妈妈不要频繁地使用凉水，更不要饮用寒凉的水。同时，也要避免经常开冰箱门，冰箱里冒出的凉气会影响产后妈妈身体的健康。

用热毛巾擦拭手脚，比用凉水更加凉快。

味精不能多吃

为了能让产后妈妈的胃口好一点，做饭时或许会放一点味精调味，但是，味精的主要成分是谷氨酸钠，会通过乳汁进入宝宝体内，与宝宝血液中的锌发生特异性结合，随尿液排出体外，从而导致宝宝缺锌。

玉米、菌菇等食物也可提高食物的鲜味。

哺喂讲堂——宝宝胃口变大了

都说月子里的小孩一天一个样，这正代表着宝宝在茁壮健康成长。宝宝出生后 2 至 3 周会出现猛长期。在这个阶段，宝宝生长速度相当快，基本上每天的体重都在增长。这个时期，妈妈要保证宝宝有充足的营养和足够的睡眠时间。

坚持母乳喂养

无论是医生还是家里的老人都会让妈妈尽量坚持母乳喂养，相比其他营养品，母乳确实是宝宝成长的最佳营养来源。

母乳喂养可能会遇到很多困难，刚经历过开始哺乳的不适感，又遇到了宝宝猛长期乳汁有些不足的问题，妈妈可能会更加着急上火。妈妈要给自己信心，不要总是担心奶水不足，只要时常保持心情舒畅，充分休息，饮食均衡，奶水会慢慢变多的。

按需哺乳、增加营养、心情愉悦，会让母乳喂养更顺利。

母乳不足怎么办

如果发现乳汁不足，也不要着急，乳汁不足不是一天两天就能解决的，它需要一个调理的过程。产后妈妈可以借助按摩，在疏通乳腺管的基础上，通过排空和按摩达到刺激奶水分泌的作用。

让宝宝多吮吸乳头，给予乳房一定的刺激，促使生理性泌乳。产后妈妈在哺乳期要保持良好的心情，心情不好也会导致乳汁减少。妈妈一定要自信，不要轻易放弃母乳喂养，相信你的乳汁会慢慢增多的。

混合喂养有讲究

如果试过各种方法都无法让乳汁满足宝宝的需求，那可以考虑混合喂养。适当地添加配方奶粉，可提供宝宝正常生长发育所需的各种营养。

即便是混合喂养，妈妈还是要积极地哺乳，尽量让宝宝吃到母乳。乳汁和宝宝的需求是相对的，宝宝越是吮吸奶水越多。如果减少宝宝的吮吸，对泌乳也是有一定影响的。混合喂养一次只能喂一种奶，不要来回切换。

给家人的护理建议

这段时间的宝宝愈发水嫩了，黄疸渐渐消失，皮肤变得白白嫩嫩，甚是可爱。爸爸、妈妈和亲朋好友总忍不住要亲宝宝，但是宝宝还比较娇嫩，免疫系统仍在发育中，所以要保持适度亲密。

尽量不要亲吻宝宝

随意亲吻宝宝是很不卫生的习惯，稍有不慎可能会给宝宝带来病痛。很多呼吸系统和消化系统疾病会通过唾液和飞沫传染，新生宝宝免疫力较低，很容易被病毒传染。所以，为了宝宝的健康，家人还是要和宝宝保持适度亲密才对。

不要总捏宝宝的脸蛋

看到宝宝圆圆的脸蛋、清澈的眼睛，很多人都不自觉地想捏一捏宝宝的小脸。这种做法可能会伤害到宝宝，腮腺和腮腺管在捏脸蛋的时候会受到相应的挤压，导致宝宝总是流口水，严重的话还会导致宝宝患上口腔黏膜炎。

不要总抱着宝宝

娇小可爱的宝宝一旦哭了，家人会马上抱起来哄。即便宝宝没有哭闹，家人也会情不自禁要抱着。月子里宝宝最需要睡眠，总是抱着的话会影响宝宝的睡眠质量。所以，除了哺乳、换尿布、拍嗝，最好不要长时间地抱着宝宝。

好爸爸应该做的

支持妻子的科学育儿观点

妈妈的育儿观点往往与老一辈的育儿观点不一致，爸爸要跟着妈妈一起学习科学的、有依据的育儿经，避免盲目采用老观点育儿给宝宝造成不必要的健康隐患。如果妈妈与家中老人在育儿观点上发生冲突，爸爸要学会从科学的角度去分辨，支持科学育儿观。

产后 15 天食谱推荐

一日餐单

早餐：糯米桂圆粥，蜂蜜蛋糕，柚子

午餐：莴苣干贝汤，孜然牛肉，鸡蛋饼

午点：紫菜包饭

晚餐：虾仁馄饨，葱爆羊肉

晚点：奶油南瓜羹

糯米桂圆粥 早餐

原料：糯米 50 克，桂圆 4 个，红枣、枸杞子各适量。

精心制作：

1. 糯米、桂圆分别洗净，用清水浸泡 1 小时。
2. 将糯米、桂圆倒入锅中，再加适量清水，以大火煮沸后换小火再煮 20 分钟。
3. 加入红枣、枸杞子，小火煮开即可。

营养功效：含有丰富微量元素，能为产后妈妈补充热量与营养，促进血红蛋白再生，提高脑细胞活性，增强记忆力，缓解脑疲劳。

莴苣干贝汤 午餐

原料：莴苣 100 克，干贝 10 克，姜片、葱段、盐各适量。

精心制作：

1. 莴苣洗净去皮、切段，干贝泡发。
2. 锅内油烧热，放姜片、葱段稍煸炒出香味，放入莴苣，大火炒至断生。
3. 再放入干贝，加适量水，大火煮至熟透。
4. 出锅前加盐调味即可。

营养功效：干贝是蛋白质和优质钙质的来源，与莴苣一起熬制成汤，可以使产后妈妈营养均衡全面。

紫菜包饭 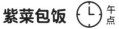 午点

原料： 米饭 200 克，火腿 50 克，鸡蛋 2 个，胡萝卜、黄瓜各 100 克，紫菜、醋、白芝麻、盐各适量。

精心制作：

1. 米饭放盐、白芝麻、醋搅匀。

2. 鸡蛋打散，煎成蛋皮，切条；火腿切丝；胡萝卜、黄瓜去皮切条。

3. 米饭中加入火腿丝、鸡蛋皮、胡萝卜条、黄瓜条，用紫菜卷起，切成段即可。

营养功效： 补充钙质，保护产后妈妈牙齿的健康。

虾仁馄饨 晚餐

原料： 虾仁 50 克，猪肉 200 克，紫菜、盐、葱末、虾皮、馄饨皮各适量。

精心制作：

1. 将新鲜虾仁、猪肉分别剁碎，加入葱末、盐拌匀。

2. 把馅料包入馄饨皮中，将馄饨放在沸水中煮熟。

3. 将馄饨盛入碗中，再加虾皮、紫菜即可。

营养功效： 保护产后妈妈的心血管系统，通乳止痛，益肝明目，促进乳汁分泌。

奶油南瓜羹 晚点

原料： 南瓜 100 克，大米、淡奶油各 30 克，蜂蜜适量。

精心制作：

1. 南瓜去皮、去瓤、洗净、切丁，大米洗净。

2. 将南瓜和大米放入料理机，倒入淡奶油、水，搅打成糊。

3. 将奶油南瓜米糊煮沸，凉凉，加入适量蜂蜜调味。

营养功效： 南瓜含丰富的维生素 A，可帮助妈妈养护眼睛。而且南瓜香甜可口，易于消化，有预防便秘的功效。

其实哺乳期的早餐更重要。经过一夜的睡眠，产后妈妈体内的营养已消耗殆尽，血糖浓度处于偏低状态，如果不能及时充分补充糖分，就会出现头昏心慌、四肢无力、精神不振等症状。而且哺乳期的妈妈还需要更多的热量来喂养宝宝，所以这时的早餐要比平常的早餐更丰富。

产后 16 天食谱推荐

一日餐单

早餐：鱼片粥，三明治

午餐：蒜香西蓝花，豉汁蒸排骨，麻酱花卷

午点：红枣猪肚汤

晚餐：莲藕煲猪蹄，清炒油麦菜，米饭

晚点：红枣阿胶汤

鱼片粥 早餐

原料：大米 30 克，草鱼 100 克，淀粉、姜丝、葱花、盐各适量。

精心制作：

1. 草鱼收拾干净，切片；大米洗净，泡 30 分钟。

2. 大米放入锅中，加水大火煮沸后再转小火慢熬，最后放入盐调味。

3. 草鱼片用盐、淀粉、葱花、姜丝拌匀，倒入滚开的粥内，中火煮 5 分钟即可。

营养功效：鱼肉营养丰富且易被产后妈妈消化吸收，适合身体仍然虚弱的产后妈妈食用。

蒜香西蓝花 午餐

原料：西蓝花 200 克，蒜、糖、盐、香油各适量。

精心制作：

1. 西蓝花洗净、切块，蒜切末。

2. 水烧开，放入西蓝花，焯烫一下，捞出沥干。

3. 将蒜末、糖、盐放在一个小碗中，浇入热香油，拌成调味汁。

4. 将调味汁和西蓝花拌匀即可。

营养功效：西蓝花含有丰富的维生素、花青素和膳食纤维，既能帮助产后妈妈补充营养，又清爽不腻。

红枣猪肚汤  午点

原料： 猪肚 150 克，红枣、枸杞子、姜片、盐、料酒各适量。

精心制作：

1. 猪肚洗净，沸水焯煮，切段。
2. 将猪肚、红枣、枸杞子、姜片、料酒一同放入锅内，加清水煮沸。
3. 小火炖煮 2 小时，出锅前加盐调味即可。

营养功效： 具有补虚损、健脾胃的功效，适合产后气血虚损、身体瘦弱的妈妈食用。

莲藕煲猪蹄 晚餐

原料： 莲藕 80 克，猪蹄 1 个，葱、姜、盐各适量。

精心制作：

1. 将莲藕洗净，切片；猪蹄洗净切块，用沸水焯烫 2 分钟；葱切段，姜切片。
2. 锅中放入适量清水，放入猪蹄和莲藕、葱段、姜片，大火煮沸，煲至熟软，放入盐调味即可。

营养功效： 有助于产后妈妈补血补气、安神助眠。

红枣阿胶汤 晚点

原料： 红枣 5 个，阿胶 10 克。

精心制作：

1. 红枣洗净，去核。
2. 阿胶放碗里加一点点水化开。
3. 将红枣、阿胶浆放入锅中，加入清水，大火煮沸转小火煮 5 分钟即可。

营养功效： 有益气固本、养血止血的作用，可用于防治产后气虚、恶露不尽、神倦无力，非常适合产后气虚且肠胃不好的妈妈。

　　有些妈妈因宝宝腹泻，将母乳完全停喂，换喂米汤，这是不恰当的。单吃米汤是不能满足宝宝营养需要的。辛辣和热量大的食物，妈妈都应该避免食用，饮食清淡一点比较好。同时每次喂奶前，妈妈最好饮一大杯水，稀释母乳，这样有利于减轻宝宝腹泻症状。

产后 17 天食谱推荐

一日餐单

早餐：虾仁花蛤粥，小笼包，鸡蛋
午餐：腐竹烧带鱼，番茄牛腩汤，蛋卷饼
午点：蒜蓉金针菇

晚餐：牛肉胡萝卜丝，馄饨
晚点：菠菜蛋花汤

虾仁花蛤粥 🕐 早餐

原料：虾仁、大米各 50 克，花蛤 200 克，香油、葱花各适量。

精心制作：

1. 将花蛤洗净，在沸水锅中焯熟；大米洗净。

2. 将大米放入锅中，加适量清水，熬至米粒熟烂。

3. 放虾仁和花蛤再煮 5 分钟，出锅前加适量香油，撒上葱花即可。

营养功效：含有多种对人体有益的维生素，还含有氨基酸和脂肪以及大量碳水化合物，能促进乳汁分泌，是产后妈妈的食疗佳品。

腐竹烧带鱼 🕐 午餐

原料：带鱼 1 条，腐竹 50 克，料酒、盐、糖各适量。

精心制作：

1. 带鱼洗净切段，用料酒腌 30 分钟；腐竹洗净，用水泡发后，切段。

2. 锅内放油，将带鱼煎至金黄捞出。

3. 锅底留油，放入带鱼段，加盐、糖，并加入适量水，放腐竹炖至熟透，收汁即可。

营养功效：含有多种矿物质，能够补充钙质，预防产后妈妈因缺钙导致的骨质疏松。

蒜蓉金针菇 午点

原料：金针菇 100 克，蒜末、葱末、蚝油、盐各适量。

精心制作：

1. 金针菇去除老根，洗净，切段。
2. 将蒜末、葱末、蚝油、盐勾兑成调料汁。
3. 金针菇摆在盘内，冷水上锅蒸 5 分钟，出锅后淋入调料汁，搅拌均匀即可。

营养功效：含有人体必需的氨基酸，且含锌量比较高，可以促进产后妈妈的新陈代谢。

牛肉胡萝卜丝 晚餐

原料：牛肉 150 克，胡萝卜 100 克，酱油、盐、水淀粉、葱花、姜末各适量。

精心制作：

1. 牛肉洗净切丝，放入葱花、姜末、水淀粉和酱油腌 30 分钟；胡萝卜洗净、切丝。
2. 锅中倒油，将牛肉丝入锅炒熟食用。胡萝卜丝放入锅内，炒熟后再放入牛肉丝一起炒匀，加盐调味即可。

营养功效：有助于产后妈妈胃肠蠕动，对胃病、便秘、痔疮等改善效果很好。

菠菜蛋花汤 晚点

原料：菠菜 100 克，鸡蛋 1 个，盐、水淀粉、高汤各适量。

精心制作：

1. 菠菜洗净，焯烫一下，沥干，切段；鸡蛋打散，备用。
2. 将高汤倒入锅中，加水煮开，加盐调味，加适量水淀粉。
3. 再次煮开后，倒入打散的蛋液，加入菠菜，煮至沸腾即可。

营养功效：含有丰富的维生素 C、钙、磷及铁，有助于产后妈妈补充营养。

　　生完宝宝之后，发现时间过得非常快，每天都忙碌而充实，一会儿宝宝拉便便了，一会又该给宝宝喂奶了，等处理完这些事情才发现，刚刚热气腾腾的饭菜已经凉了。这时，妈妈千万不要图省事，一定要重新加热，处理得当后再吃。

产后 18 天食谱推荐

一日餐单

早餐： 瘦肉粥，鸡蛋米饼
午餐： 茭白炒肉，酸汤肥牛，米饭
午点： 鸡蛋玉米羹，草莓

晚餐： 板栗黄焖鸡，葱油拌面
晚点： 丝瓜花蛤汤

瘦肉粥 🕐 早餐

原料： 大米、瘦肉各 50 克，生菜、盐各适量。

精心制作：

1. 大米洗净，加水浸泡 30 分钟；瘦肉洗净，剁成末。
2. 将大米和适量水放入锅内，大火烧开转小火熬煮，至米粒熟软时放入肉末，煮至肉烂粥稠。
3. 加入生菜，煮 2 分钟即可出锅。

营养功效： 含有丰富的膳食纤维，有助于产后妈妈润肠通便。

茭白炒肉 🕐 午餐

原料： 茭白、里脊肉各 100 克，葱段、姜末、料酒、盐各适量。

精心制作：

1. 茭白洗净，切段；里脊肉洗净，切条，用料酒和姜末腌制 10 分钟。
2. 锅内热油，下入葱段、姜末爆香，倒入腌好的里脊肉条，炒至变色。
3. 放入茭白，继续翻炒至熟透，出锅前加盐调味即可。

营养功效： 茭白能给产后妈妈补充多种维生素和矿物质，而肉则能补充必要的动物蛋白。

鸡蛋玉米羹 🕐 午点

原料： 鸡蛋 1 个，鲜玉米粒、枸杞子各适量。

精心制作：

1. 鸡蛋加适量清水打成蛋液。
2. 锅内烧水，将鸡蛋液隔水炖 10 分钟，定型后取出。
3. 放入玉米粒、枸杞子，再炖 5 分钟即可。

营养功效： 含有丰富的维生素 E，可以通过产后妈妈的母乳促进宝宝大脑发育。

板栗黄焖鸡 🕐 晚餐

原料： 鸡腿 2 个，板栗 50 克，葱段、姜片、盐、糖各适量。

精心制作：

1. 鸡腿肉切块，板栗煮熟、去皮。
2. 锅中放油，烧热后放入葱段、姜片爆香后，放入鸡块翻炒。
3. 锅中加入适量的清水，把板栗放入，再调入盐、糖，小火炖 1 小时即可。

营养功效： 二者搭配能够补益脾胃，快速促进产后妈妈子宫的恢复。

丝瓜花蛤汤 🕐 晚点

原料： 丝瓜 100 克，花蛤 200 克，葱段、姜丝、盐各适量。

精心制作：

1. 花蛤吐沙、洗净；丝瓜洗净、去皮、切丝。
2. 锅内放入丝瓜、葱段、姜丝，大火煮沸转小火煮至 5 分钟。
3. 再下入花蛤煮 5 分钟，出锅前加盐调味。

营养功效： 可以补充矿物质和微量元素，促进产后妈妈乳汁分泌，同时补充水分，防止便秘。

可以用中药煲汤给妈妈进补，不同的中药特点各不相同，用中药煲汤之前，必须了解中药的寒、热、温、凉等属性。选材时，最好选择药性平和的枸杞子、当归、黄芪等。

产后 19 天食谱推荐

一日餐单

早餐：牛奶花生酪，烧饼
午餐：时蔬小炒，肉末茄子，麻酱花卷
午点：黄瓜牛奶粥

晚餐：木耳烩豆腐，豆角排骨焖饭
晚点：芹菜柠檬汁

牛奶花生酪 🕐 早餐

原料：花生、糯米各 50 克，牛奶、冰糖各适量。

精心制作：

1. 将花生和糯米洗净，浸泡 2 小时。
2. 花生剥去红衣后和糯米一起放入料理机中，加入适量牛奶制成牛奶花生汁。
3. 取干净的煮锅，加冰糖和花生汁煮开即可。

营养功效：牛奶和花生都富含钙质，能够帮助产后妈妈有效预防钙质流失。

时蔬小炒 🕐 午餐

原料：西蓝花 200 克，胡萝卜、玉米粒、盐各适量。

精心制作：

1. 西蓝花洗净、掰成朵，胡萝卜洗净、切丁。
2. 锅中放入清水，煮沸后放入西蓝花焯熟。
3. 锅中放油烧热，放入西蓝花和胡萝卜丁翻炒均匀，加入玉米粒翻炒至玉米粒熟透。
4. 放入盐调味即可。

营养功效：富含大量维生素和膳食纤维，能够促进肠胃蠕动，有益于产后妈妈恢复身材。

黄瓜牛奶粥 🕐 午点

原料：黄瓜 1 根，大米 50 克，牛奶 250 毫升，腰果适量。

精心制作：

1. 黄瓜洗净切丝，大米洗净，腰果切碎。
2. 大米加水煮成粥，倒入牛奶和黄瓜丝煮至微沸，出锅前放腰果碎即可。

营养功效：含有丰富的维生素 C，能够让产后妈妈清热润肠的同时获得美白养颜的效果。

木耳烩豆腐 🕐 晚餐

原料：干木耳 30 克，豆腐 200 克，彩椒、盐各适量。

精心制作：

1. 干木耳泡发；豆腐切块，放入沸水焯烫一下，捞出沥干。
2. 锅内倒油，待油热后下入彩椒、木耳翻炒。
3. 放入豆腐块翻炒，加一点水焖煮至豆腐熟透，加入盐调味即可。

营养功效：木耳富含铁又有促进肠胃蠕动的作用，可以帮助产后妈妈减轻消化负担。

芹菜柠檬汁 🕐 晚点

原料：芹菜 200 克，柠檬 1 个。

精心制作：

1. 将芹菜带叶焯水断生，柠檬切开取汁。
2. 用料理机将芹菜搅碎，加入柠檬汁即可。

营养功效：二者搭配可以清热排毒，有助于产后妈妈补充维生素，而且热量低，还能帮助瘦身。

　　产后妈妈失眠切忌选用安眠药，可采用食物进行食疗，比如芹菜可分离出一种碱性成分，对产后妈妈有镇静作用，还有安神、除烦的功效。产后妈妈也可以选择睡前喝一杯牛奶，从而有效助眠。

产后 20 天食谱推荐

一日餐单

早餐：紫菜鸡蛋汤，牛肉馅饼

午餐：香油炒猪肝，番茄鸡蛋面

午点：南瓜豆沙饼

晚餐：乌鸡汤，蛋炒饭

晚点：红米山药浆

紫菜鸡蛋汤 ⏰ 早餐

原料：鸡蛋 1 个，紫菜、盐、香油各适量。

精心制作：

1. 紫菜洗净，切片；鸡蛋打匀成蛋液，在蛋液里放点盐，搅匀。

2. 锅里倒入清水，待水煮沸后倒入鸡蛋液，把鸡蛋液搅散。

3. 放入紫菜，中火再继续煮 3 分钟。

4. 出锅前放入盐调味，淋入香油即可。

营养功效：紫菜富含碘元素，产后妈妈食用紫菜可提升乳汁中的碘含量。

麻油炒猪肝 ⏰ 午餐

原料：鲜猪肝 100 克，姜、黑麻油、盐各适量。

精心制作：

1. 将鲜猪肝洗净、切段，姜切丝。

2. 锅内倒入黑麻油，待油热后，放入姜丝爆香。

3. 放入猪肝，翻炒至猪肝变色熟透，最后加盐调味。

营养功效：猪肝、黑麻油二者搭配能补铁补血，快速补充体力，对产后贫血的妈妈有一定的疗效。

南瓜豆沙饼  午点

原料： 南瓜 250 克，红豆、糖、糯米粉各适量。

精心制作：

1. 红豆洗净，提前浸泡 2 小时，然后将红豆倒入高压锅中，加水、糖，煮至绵软，制成豆沙馅。

2. 南瓜洗净、蒸软，捣成泥后加适量糖和糯米粉和成面团。抓一小团南瓜糯米，搓圆，中间按扁，放入豆沙馅包好，上锅蒸熟即可。

营养功效： 南瓜能润肠通便，缓解视疲劳，豆沙香甜可口，可以缓解产后妈妈抑郁的情绪。

乌鸡汤 晚餐

原料： 乌鸡 1 只，姜、盐、料酒各适量。

精心制作：

1. 乌鸡收拾干净、切块，姜切丝。

2. 将乌鸡块用沸水焯一下，撇去浮沫，沥干。

3. 将姜丝、料酒和乌鸡块一同放入锅内，大火煮开后改用小火炖至乌鸡熟烂。

4. 出锅前加盐调味即可。

营养功效： 富含氨基酸，能够帮助产后妈妈补气益血，滋养肝肾。

红米山药浆 晚点

原料： 红豆、红米各 30 克，山药 100 克，冰糖适量。

精心制作：

1. 红豆、红米洗净；山药去皮，洗净，切块。

2. 将红豆、红米、山药放进料理机，加入适量水打成浆，用小火煮开后，加入冰糖即可。

营养功效： 能健脾补气、活血祛湿，还可有效防止产后妈妈脱发。

　　会阴侧切的顺产妈妈伤口基本已经长好，没有痛感了，阴道及会阴也已经基本恢复如常了。此时，顺产妈妈应以均衡营养为前提，继续调养身体，也可以适量吃一些热量较高的食物，配合轻量的运动，使身体恢复得更快。

产后 21 天食谱推荐

一日餐单

早餐：银耳百合粥，烧卖，苹果

午餐：番茄炒面，木须肉

午点：樱桃奶昔

晚餐：香菇豆腐，肥牛饭，紫菜蛋花汤

晚点：山药排骨汤

银耳百合粥 　早餐

原料：大米 50 克，银耳、鲜百合、枸杞子、冰糖各适量。

精心制作：

1. 大米洗净，用水泡 30 分钟；鲜百合洗净，掰成瓣；银耳泡发，撕成小朵。

2. 锅加水，放入大米、银耳、枸杞子，大火煮沸转小火煮至粥黏稠，放入百合继续煮 10 分钟。

3. 出锅前放入冰糖即可。

营养功效：对产后妈妈有滋阴润肤的作用，又能增强免疫力，还可以养胃生津。

番茄炒面 　午餐

原料：牛肉 80 克，番茄 1 个，面条 100 克，盐、葱丝各适量。

精心制作：

1. 牛肉切成丝；番茄洗净、切好。

2. 锅中加水，水开后放面条，待面条八成熟时捞出，放入水中过凉。

3. 锅内油热，放入葱丝、牛肉丝翻炒，再放入番茄翻炒出汁。

4. 放入面条炒熟，加入盐调味即可。

营养功效：能够利水消肿，且口味清爽有助于提升食欲，同时可以为产后妈妈提供维生素。

樱桃奶昔  午点

原料： 樱桃 50 克，牛奶 250 毫升。

精心制作：

1. 樱桃洗净、去核。
2. 将樱桃放入料理机，加入牛奶榨成汁即可。

营养功效： 含铁量高，可帮助产后妈妈补充铁元素，促进产后妈妈血红蛋白再生，既可防治缺铁性贫血、增强体质，还可健脑益智。

香菇豆腐 晚餐

原料： 豆腐 300 克，香菇、葱花、盐各适量。

精心制作：

1. 豆腐洗净、切块；香菇洗净、切块。
2. 锅中放油，烧热后放葱花爆香。
3. 倒入豆腐和香菇翻炒，加盐和少量水收汁即可。

营养功效： 富含优质蛋白质和微量元素，软嫩可口易消化，能有效预防产后妈妈便秘。

山药排骨汤 晚点

原料： 排骨 200 克，山药 100 克，盐适量。

精心制作：

1. 排骨洗净，用开水焯去血水，沥干；山药去皮，洗净切段。
2. 油锅烧热，放入排骨翻炒。
3. 锅中加适量水没过排骨，放入山药，以大火煮开后转小火煮至肉软烂。
4. 出锅前放盐调味即可。

营养功效： 含有矿物质，能补钙健体，同时可以补铁，预防产后妈妈贫血。

　　产后妈妈牙齿会出现轻微的松动，而且肠胃功能也有所减退，因此产后妈妈在前期最好吃些松软易消化的食物，如菌菇、豆腐、虾仁等，这些食物都能够为产后妈妈提供充足的营养成分，促进产后妈妈身体的恢复。

吃好
42天月子餐

第五章

产后第4周 增强体质

哺乳，始终是妈妈在月子期间的重点"功课"。很多产后妈妈因此"被迫"喝下各种汤汤水水。其实，过多的营养成分摄入可能会给产后妈妈的身体造成负担。而宝宝娇嫩的肠胃也可能对含有过多脂肪的奶水有所反应，造成腹泻等肠胃不适。所以妈妈在日常饮食中，要保证饮食的多样化，但不要过量食用，只要摄取日常所需即可，还要注重营养的搭配。其中，蛋白质和维生素都不能缺少，维生素能够改善妈妈体质，对于皮肤的养护也有一定功效。

产后第 4 周的饮食原则

产后妈妈身体的不适感在减轻，比起前几周，无论从身体上还是精神上都会很轻松。全部的心思都放在喂养宝宝上，促进乳汁完美而顺畅的分泌还是重中之重，产后贫血也要避免发生。

需要提前准备的食材
板栗：促进钙的吸收
口蘑：增强免疫力
陈皮：健脾益气
黄芪：促进伤口愈合
乳鸽：改善血液循环
杏鲍菇：软化血管
党参：补充微量元素

粗粮细粮搭配好

粗粮中保留了许多细粮中没有的营养成分，比如食物膳食纤维较多，并且富含 B 族维生素和矿物质。很多粗粮还具有药用价值，有利于肠道排毒。

将粗细粮搭配食用，更利于多种营养的吸收，对产后妈妈身体的恢复很有益处。

适当使用补铁制剂

很多妈妈在怀孕期间都会缺铁，生产过程中，由于失血较多，也需要补充铁元素来帮助身体制造红细胞。

需要提醒注意的是，补铁剂并不能作为健康饮食的代替品。

选取应季食品

妈妈应该根据产后所处的季节，相应选取进补的食物。比如春季可以适当吃些野菜，夏季可以多补充些水果羹，秋季食山药，冬季补羊肉等。

要根据季节和妈妈自身的情况，选取合适的食物进补，要做到"吃得对、吃得好"。

板栗能够补肾强筋，可以缓解产后妈妈因分娩导致的腰膝酸软。

生病不能乱吃药

有些药物妈妈服用后会对宝宝造成不良反应，有时甚至很严重，如引起病理性黄疸、耳聋、肝肾功能损害或呕吐等。因此，产后妈妈一定要慎用药物，如需用药一定要遵守医嘱。

妈妈在轻微感冒时是可以进行哺乳的。

回奶药不可取

有特殊原因，极少数妈妈不能进行母乳喂养的，回奶可以先尝试从日常饮食着手，由于母乳的主要成分是水分，因此不哺乳的妈妈可减少食物中的水分含量和平时的饮水量。另外，有些药物虽然可以帮助抑制乳汁分泌，但是会有副作用，所以回奶药一定要在医生指导下使用。

可以用麦芽和山楂熬水饮用，一般需要3~5 天。

中药材不是完全无副作用

虽然有些中药对产后妈妈有滋阴养血、活血化瘀的作用，可以增强体质，促进子宫收缩，但有些中药有回奶作用，如大黄、炒麦芽等，哺乳妈妈要慎重使用。

虽然中药相对温和，但也不宜乱用，其中的药物成分会通过乳汁喂养给宝宝。

吃药的时间要把握好

产后妈妈常会出现一些不适，有时可能需要服用药物。服药时一定要注意调整喂奶的时间，最好在哺乳后马上服药。并且，要尽可能地推迟下次给宝宝喂奶的时间，至少隔 4 小时，这样才能使奶水中的药物浓度降到最低，尽量使宝宝少吸收药物。

要多加注意饮食和生活细节，增强免疫力，减少生病。

哺喂讲堂——不宜哺乳的时机

妈妈的乳汁会随着身体状态的改变而改变，即使同一天的乳汁前后也会有一定差别。在有些情况下妈妈的乳汁不适合给宝宝吃，正在哺乳期的妈妈需要了解这些小常识。

妈妈生气的时候

妈妈生气时，最好不要给宝宝喂奶，因为生气会使体内产生毒素，这些毒素通过乳汁传递给宝宝，容易使宝宝长疮或生病。

所以，有些妈妈一边吵架一边给宝宝哺乳的做法是不可取的，妈妈如果生气了，最好等到情绪平和下来再给宝宝哺乳。

妈妈运动之后

妈妈一定要选择在运动之前给宝宝哺乳，因为运动之后肌肉中会产生乳酸，乳酸堆积会让乳汁变味，宝宝可能会因此拒绝喝奶。

如果妈妈运动之后宝宝饿了需要哺乳的话，可以选用提前存放在冰箱中的乳汁进行哺喂。在运动 3~4 小时后，妈妈就可以正常哺乳。

在早期，建议妈妈尽可能做一些轻松的运动，不要使身体产生过多乳酸，以便哺喂宝宝。

妈妈洗澡之后

刚洗完澡的妈妈，身体也处于热气较盛的状态，这时的乳汁就是中医说的"热奶"，宝宝吃了这样的"热奶"后，容易精神紧张、烦躁不安，严重时还会引发消化功能紊乱。

所以，妈妈在洗完澡之后，最好休息一会儿，等全身多余的热气散去，再给宝宝哺乳。

产后妈妈的情绪波动会直接影响乳汁的质量。

给家人的护理建议

　　产后便秘是一个不容小觑的问题。产后第 4 周，产后妈妈的身体有所恢复，日常饮食也在慢慢增加，稍不留神就可能患上产后便秘。

督促妈妈多喝水

　　分娩之后体质虚弱，妈妈会经常排汗，哺乳也会带走妈妈身体的水分，所以妈妈很容易因缺水导致大便干结。月子里，要多督促妈妈喝温开水，每天要补充 1500 毫升左右的温开水，以滋润肠道，预防便秘。另外，要养成良好的排便习惯，有便意的时候，不管手里有什么事情都要放下，去厕所排便。

陪伴妈妈适量运动

　　帮助产后妈妈进行适当的运动有助于恢复肌肉弹性，促进肠道蠕动。顺产妈妈在生产之后就可以适当下床走动。剖宫产的妈妈在术后第 2 天可以慢慢下床活动。不能下床活动时，妈妈躺在床上也可以做一些动作来锻炼肛门肌肉，预防便秘。

关注妈妈产后痔疮

　　很多妈妈在产后会患上便秘，而产后便秘可以直接导致痔疮生成。妈妈如果排便困难、大便干结，往往会增加痔疮的发生率。产后妈妈出现大便干结的问题时，家人需要及时调整饮食结构，多准备香蕉、苹果、绿叶菜、粗粮等富含纤维的食物。

给妻子更多关心

好爸爸应该做的

　　爸爸不仅要关注宝宝、照顾宝宝，也要抽空多关心妈妈。要知道，角色的转变会给妈妈带来很多压力，尤其是身体尚未恢复带来的不适，有时会加重坏情绪，这时候爸爸的安慰与支持，是妈妈内心最大的依靠。

产后 22 天食谱推荐

一日餐单

早餐：核桃牛奶，三明治，苹果　　　　**晚餐**：蒸鸡，香椿鸡蛋饼
午餐：时蔬饭，番茄土豆洋葱浓汤　　　**晚点**：虾皮冬瓜汤
午点：燕窝桃胶

核桃牛奶　早餐

原料：核桃 5 个，牛奶 250 毫升。

精心制作：

1. 核桃砸开取仁。
2. 将核桃仁放入料理机，加入牛奶打成核桃牛奶汁，煮开即可饮用。

营养功效：核桃含有人体所必需的脂肪酸以及各种维生素和丰富的钙、磷、铁等矿物质，和牛奶搭配可帮助产后妈妈顺气补血、健脑补肾、强筋壮骨、滋养皮肤。

时蔬饭　午餐

原料：熟米饭 100 克，鸡蛋 2 个，香菇、胡萝卜、葱末、盐各适量。

精心制作：

1. 胡萝卜洗净切成小丁；香菇洗净，切成小丁。
2. 鸡蛋打散，油热下锅翻炒，盛出。
3. 锅内留底油，葱末下锅炒香后，将米饭、胡萝卜丁、香菇丁倒入，炒熟后加入盐调味即可。

营养功效：营养全面，可快速补充体力，为产后妈妈提供充足的热量和维生素。

燕窝桃胶 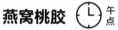 午点

原料：燕窝 3 克，桃胶 50 克，红糖适量。

精心制作：

1. 桃胶提前浸泡 12 小时，燕窝提前浸泡 30 分钟。
2. 把红枣与燕窝、桃胶一起放入炖盅，隔水炖煮 30 分钟，再加红糖炖 10 分钟即可。

营养功效：对气血两虚以及贫血的产后妈妈有明显的改善作用。

蒸鸡 晚餐

原料：鸡肉 200 克，葱、姜、盐各适量。

精心制作：

1. 鸡肉洗净、切丝，葱切丝，姜切片。
2. 鸡肉上放葱丝、姜片，上锅大火蒸 30 分钟即可。

营养功效：鸡肉富含蛋白质，且味道鲜美，可促进食欲。

虾皮冬瓜汤 晚点

原料：冬瓜 150 克，虾皮 10 克，葱花、盐各适量。

精心制作：

1. 冬瓜洗净、切片，虾皮洗净。
2. 锅中倒水烧开后，放入姜片、冬瓜片和虾皮，煮 15 分钟。
3. 出锅前加入适量盐调味即可。

营养功效：能够清热排毒，提升产后妈妈的食欲，补充水分和碳水化合物。

冬瓜皮、西瓜皮和黄瓜皮具有清热利湿、消脂瘦身的功效，可在饮食中适量加入这三种瓜皮。瓜皮可以入菜，也可以做汤，产后妈妈可以根据喜好适量吃一些。

产后 23 天食谱推荐

一日餐单

早餐：燕麦南瓜粥，葱油饼，鸡蛋
午餐：豌豆炒虾仁，鲜虾鸡丝面，苹果
午点：奶酪蛋汤

晚餐：番茄炒菜花，黄焖鸡饭，三鲜丸子汤
晚点：核桃莲藕汤

燕麦南瓜粥 早餐

原料：燕麦 20 克，大米 50 克，小南瓜 1 个。

精心制作：

1. 南瓜洗净，削皮，切块；大米洗净，用清水浸泡 30 分钟。
2. 锅置火上，将大米放入锅中，加适量清水，大火煮沸后转小火煮 20 分钟。
3. 放入南瓜块，小火煮 10 分钟。
4. 出锅前加入燕麦，继续用小火煮 20 分钟即可。

营养功效：香甜可口，能帮助产后妈妈促进食欲，补充维生素及氨基酸，并能帮助产后妈妈排便。

豌豆炒虾仁 午餐

原料：虾仁 250 克，鲜豌豆 100 克，盐适量。

精心制作：

1. 将鲜豌豆洗净，放入开水锅中，焯烫一下。
2. 锅内放油烧热后，将虾仁入锅，翻炒出香味。
3. 放入焯好的豌豆，翻炒至熟透，加盐调味即可。

营养功效：润肠通便，能促进产后妈妈的乳汁分泌，同时还有补钙的效果。

奶酪蛋汤 午点

原料：奶酪 1 块，鸡蛋 1 个，高汤、香菜末、盐各适量。

精心制作：

1. 将奶酪与鸡蛋一起搅散，搅拌成蛋糊。
2. 高汤烧开，淋入调好的蛋糊煮熟，加一点盐，出锅前撒上香菜末作点缀即可。

营养功效：奶酪含有多种维生素，以及钙、铁、锌等矿物质，有利于产后妈妈补充各种营养素。

番茄炒菜花 晚餐

原料：菜花 100 克，番茄 1 个，葱段、姜片、盐各适量。

精心制作：

1. 菜花洗净，掰成小朵，放入沸水焯烫 2 分钟，捞出沥干；番茄洗净，切块。
2. 锅内倒油烧热，放入葱段、姜片爆香，放入番茄翻炒至软烂，析出汤汁。
3. 再放入菜花继续翻炒至熟透，加适量盐调味即可。

营养功效：酸甜开胃，富含丰富的抗氧化物质，可延缓产后妈妈衰老。

核桃莲藕汤 晚点

原料：核桃仁 20 克，莲藕 250 克，盐、香油各适量。

精心制作：

1. 莲藕去皮，洗净，切块。
2. 将莲藕和核桃仁一同放入锅中，加适量清水，用大火煮沸，再改以小火炖煮。
3. 待莲藕软烂后，加入盐、香油调味即可。

营养功效：核桃含有丰富的 DHA，可通过乳汁传递给宝宝，强健宝宝的大脑。

　　有些妈妈在孕前非常喜欢吃薯片，但因为大部分市售薯片类零食中含有较多的盐、糖和油，有些还含有大量色素，对身体有不好的影响，所以正在哺乳的妈妈一定不要吃此类食物，否则可能会通过母乳影响宝宝的健康。

产后 24 天食谱推荐

一日餐单

早餐：红豆糯米粥，鸡蛋饼
午餐：清炒口蘑，鸡汤虾丸面，素炒小白菜
午点：板栗花生汤，香蕉

晚餐：南瓜炖牛腩，蛋炒饭
晚点：黄芪陈皮粥

红豆糯米粥　🕐 早餐

原料：糯米 30 克，红豆 50 克，冰糖适量。

精心制作：

1. 糯米、红豆用清水洗净，浸泡 2 小时。
2. 将糯米、红豆放入锅中，加入水煮沸后转小火煮 1 小时。
3. 出锅前放入冰糖调味即可。

营养功效：可帮助产后妈妈温和滋补，健脾暖胃，止汗补虚，补中益气。

清炒口蘑　🕐 午餐

原料：口蘑 100 克，葱丝、高汤、盐、水淀粉各适量。

精心制作：

1. 口蘑洗净、切片。
2. 油锅烧热，下入葱丝爆香，倒入口蘑片翻炒至口蘑变软，再加入适量盐、高汤，淋入水淀粉勾芡即可。

营养功效：鲜香开胃，富含维生素和多种矿物质，润肠通便，能够预防产后妈妈便秘。

板栗花生汤 🕐 午点

原料： 猪瘦肉 100 克，板栗、花生仁、葱段、姜片、盐各适量。

精心制作：

1. 板栗去壳，猪瘦肉切片。
2. 锅内热油，放入葱段、姜片爆香，下入肉片翻炒至熟透，捞出。锅内放入适量清水，将上述所有食材放入锅中，以大火煮沸后转小火慢熬 1 小时，再加盐调味即可。

营养功效： 健脾补肾，滋阴润燥，能够缓解产后妈妈腰酸无力、尿频的症状。

南瓜炖牛腩 🕐 晚餐

原料： 牛腩 300 克，南瓜 200 克，葱段、姜片、盐各适量。

精心制作：

1. 牛腩切块，热水锅中焯烫一下，捞出；南瓜去皮，切块。
2. 锅内热油，下葱段、姜片爆香，放入牛肉翻炒至变色，加水大火煮沸，转小火炖 90 分钟。
3. 放入南瓜块再炖 15 分钟，出锅前加盐调味即可。

营养功效： 能够解毒消肿，清热利尿，同时补充维生素和蛋白质，帮助产后妈妈恢复体力。

黄芪陈皮粥 🕐 晚点

原料： 黄芪 10 克，大米 50 克，陈皮 5 克。

精心制作：

1. 黄芪洗净，煎煮取汁；陈皮洗净；大米洗净。
2. 将大米放入锅中，加入煎煮的黄芪汁液和适量清水，熬煮至七成熟。
3. 将准备好的陈皮放入粥中，同煮至熟。

营养功效： 滋阴补虚，活血开胃，能有效减轻产后妈妈盗汗的症状，并增强免疫力。

顺产妈妈的恢复比剖宫产妈妈要快些，此时身体已基本恢复，不再感觉到明显的不适，故可以将重点放在美容护肤上面，吃些能美容养颜的食材，如红豆、猕猴桃等。但也一定不要忘记保证饮食均衡、营养充足。

产后 25 天食谱推荐

一日餐单

早餐：紫米豆浆，小笼包，鸡蛋　　　　　**晚餐**：清蒸虾，红烧茄子，咖喱面

午餐：紫菜胡萝卜饭，孜然牛肉，炒空心菜　　**晚点**：平菇二米粥

午点：莲子猪骨汤

紫米豆浆 🕐 早餐

原料：紫米 20 克，黄豆 30 克。

精心制作：

1. 紫米、黄豆分别洗净，浸泡 8 小时。

2. 将紫米、黄豆连同水放入料理机中，启动"豆浆"程序。

3. 程序结束后，倒出豆浆即可。

营养功效：有助于产后妈妈益气补血，暖胃健脾，滋阴明目。

紫菜胡萝卜饭 🕐 午餐

原料：胡萝卜 100 克，紫菜 10 克，大米 50 克。

精心制作：

1. 胡萝卜洗净、切丁，大米洗净。

2. 锅内倒入适量清水，放入大米、胡萝卜丁，以大火煮沸后转小火煮至饭熟。

3. 倒入紫菜碎拌匀，闷 5 分钟即可。

营养功效：胡萝卜含有胡萝卜素，可保护视力。紫菜富含钙、铁、维生素 A、维生素 C，可帮助产后妈妈补充所需的维生素，增强抵抗力。

莲子猪骨汤 🕐 午点

原料： 莲子 50 克，猪骨 250 克，盐适量。

精心制作：

1. 莲子洗净后浸泡 3 小时。
2. 猪骨洗净，切块，放入热水锅中焯烫一下。
3. 锅中放水煮沸，放入猪骨和莲子，大火煮沸转小火煮 1 小时。出锅前加盐调味即可。

营养功效： 可以安神补脑，增强产后妈妈身体的活力。

清蒸虾 🕐 晚餐

原料： 虾 6 只，葱段、姜片、醋、香油、盐各适量。

精心制作：

1. 虾剔除虾线，洗净。
2. 虾摆在盘内，加入葱花、姜片，上锅蒸 10 分钟左右。
3. 拣去姜片、葱段，用醋、香油兑成汁蘸食。

营养功效： 能够促进乳汁分泌，富含优质蛋白和微量元素，同时可以补充产后妈妈所需钙质。

平菇二米粥 🕐 晚点

原料： 大米、小米各 30 克，平菇 50 克，高汤、盐各适量。

精心制作：

1. 平菇洗净、切片。
2. 锅中放入适量清水，将大米、小米放入，用大火煮沸后转小火继续熬煮。加入平菇拌匀，下高汤，调入盐，再煮 5 分钟即可。

营养功效： 味道鲜美且易消化，有利于营养成分的吸收。

汤类食物易于人体吸收蛋白质、维生素、矿物质等营养素，还对乳汁质量的提高有很大效用。饭前喝汤，能润滑口腔、食管，从而防止干硬食品刺激消化道黏膜，有利于食物的稀释和搅拌，促进食物被消化、吸收。

产后 26 天食谱推荐

一日餐单

早餐：薏米山药粥，鸡蛋卷饼
午餐：芹菜虾仁，排骨饭，草莓
午点：菌菇鸡汤

晚餐：麻酱菠菜，香菇肉末面，紫菜虾皮汤
晚点：胡萝卜小米粥

薏米山药粥 🕐 早餐

原料：薏米、大米各 30 克，山药 50 克，枸杞子适量。

精心制作：

1. 将薏米和大米分别淘洗干净，薏米浸泡 4 小时，大米浸泡 30 分钟；山药洗净，去皮，切成丁。
2. 把锅烧热，倒入适量清水，放入薏米煮软，再加入山药丁、大米、枸杞子，大火煮至山药熟、米粒熟烂即可。

营养功效：补充气血，调和脾胃，富含维生素和矿物质，能缓解产后妈妈肢体乏力。

芹菜虾仁 🕐 午餐

原料：芹菜 200 克，虾仁 100 克，葱末、姜末、彩椒、盐各适量。

精心制作：

1. 芹菜择洗干净，切段，用开水略焯烫；虾仁洗净剔掉虾线。
2. 油锅烧热，下入葱末、姜末、彩椒炝锅，再放入芹菜、虾仁翻炒熟。
3. 加盐调味即可。

营养功效：富含优质蛋白、膳食纤维和多种维生素，能补气补虚，增强产后妈妈免疫力，预防多种疾病。

菌菇鸡汤 🕐 午点

原料： 土鸡 1 只，香菇 50 克，葱、姜、盐、淀粉各适量。

精心制作：

1. 将香菇洗净，去蒂；葱切段；姜切片；土鸡洗净，剁成块。

2. 将土鸡放入锅内，加清水，放入葱段、姜片、香菇，大火煮到沸腾，改小火慢炖至鸡肉软烂，出锅前加盐调味即可。

营养功效： 鲜美可口的鸡汤可以促进妈妈身体的康复，增强免疫力。

麻酱菠菜 🕐 晚餐

原料： 菠菜 200 克，麻酱、蒜末、盐、香油、醋各适量。

精心制作：

1. 菠菜择去老叶，切根洗净，氽烫后凉凉。

2. 麻酱加水、蒜末、盐、香油、醋搅匀调汁。

3. 将调好的麻酱汁淋在菠菜上即可。

营养功效： 富含多种维生素和膳食纤维，能促进产后妈妈胃肠蠕动，增强体质。

胡萝卜小米粥 🕐 晚点

原料： 胡萝卜、小米各 50 克。

精心制作：

1. 胡萝卜洗净，切成小块；小米用清水清净。

2. 将胡萝卜和小米放入锅中加入清水，大火烧开，小火慢熬至小米开花，胡萝卜软烂。

营养功效： 补充维生素，调节产后妈妈肠胃功能，护肝明目，温和滋养。

　　动物肝脏、鱼肝油、奶类、蛋类及鱼卵是维生素A的最好来源。胡萝卜、红薯、苋菜含有类胡萝卜素，通过体内一些特殊酶的作用可以催化生成维生素A，从而帮助产后妈妈提高免疫力。

产后 27 天食谱推荐

一日餐单

早餐：黄豆花生浆，面包，鸡蛋
午餐：白萝卜炖排骨，玉米松仁，米饭
午点：枸杞子乳鸽汤

晚餐：西葫芦炒带子，扁豆炒肉丝，麻酱花卷
晚点：丝瓜鸡蛋汤

黄豆花生浆 早餐

原料：黄豆 30 克，花生 20 克。

精心制作：

1. 将黄豆、花生洗净，用清水浸泡 4 小时。

2. 将黄豆、花生放入料理机中，加适量清水。

3. 选择"豆浆"程序即可。

营养功效：帮助产后妈妈排毒养颜，补益身体，延缓皮肤和器官的衰老。

白萝卜炖排骨 午餐

原料：排骨 300 克，白萝卜 150 克，红枣、葱段、姜丝、盐各适量。

精心制作：

1. 排骨洗净，切块，开水焯一下，捞出沥干；白萝卜洗净、切块。

2. 排骨倒入锅中，加适量清水，放白萝卜、葱段、姜丝大火煮沸转小火炖 1 小时。

3. 出锅前加盐调味即可。

营养功效：滋养脾胃，补充钙质，有助于产后妈妈补虚弱，强筋骨。

枸杞子乳鸽汤 午点

原料：乳鸽 1 只，枸杞子、盐各适量。

精心制作：

1. 乳鸽收拾干净，洗净，剁块，焯烫一下，去除血水，捞出。

2. 锅中加水，烧沸后放入枸杞子、乳鸽，大火烧开后改用小火煲 1 小时，出锅前加盐调味。

营养功效：能够促进产后妈妈乳汁分泌，同时补充蛋白质，还有滋阴养血的功效。

西葫芦炒带子 晚餐

原料：西葫芦 100 克，带子 60 克，荷兰豆、彩椒、盐各适量。

精心制作：

1. 将西葫芦、荷兰豆、彩椒洗净切好，带子泡发。

2. 油锅烧热后，将所有食材倒入一起翻炒，炒至荷兰豆熟烂，出锅前加盐调味即可。

营养功效：西葫芦可预防产后妈妈便秘，排毒养颜；带子富含微量元素。二者搭配在一起，高蛋白，低脂肪，营养丰富。

丝瓜鸡蛋汤 晚点

原料：丝瓜 100 克，鸡蛋 1 个，盐适量。

精心制作：

1. 丝瓜去皮，切片；鸡蛋打散，搅匀。

2. 锅内油热下入鸡蛋液，翻炒至八分熟。

3. 锅内加适量清水，煮沸后放入丝瓜，转小火熬煮至丝瓜熟透。出锅前加盐调味即可。

营养功效：丝瓜富含维生素 C，能养护产后妈妈的皮肤，消除斑块，使皮肤洁白、细嫩。

很多妈妈每天都吃大量的坚果，认为大量补充必需的脂肪酸和优质蛋白质，会提升乳汁营养，但坚果类食物含有极高的热量和脂肪，过多食用将影响体内对其他营养素的吸收。

产后 28 天食谱推荐

一日餐单

早餐：胡萝卜豆浆，小笼包，鸡蛋
午餐：芹菜杏鲍菇，海苔饭团
午点：党参乌鸡汤

晚餐：黄花菜炒肉，土豆烧鸡块，玉米面鸡蛋饼
晚点：玉米排骨汤

胡萝卜豆浆 早餐

原料：黄豆 30 克，胡萝卜 100 克。

精心制作：

1. 黄豆用清水泡 6 小时以上。
2. 将胡萝卜刨皮，洗净，切小丁，和泡好的黄豆一起倒入料理机，加入适量的水打浆饮用即可。

营养功效：可以有效增强产后妈妈的免疫力，预防缺铁性贫血。

芹菜杏鲍菇 午餐

原料：芹菜 150 克,杏鲍菇 100 克,彩椒、盐各适量。

精心制作：

1. 芹菜洗净，切段；杏鲍菇洗净，切条。
2. 油锅烧热，下芹菜翻炒至略析出汤汁。
3. 继续下入杏鲍菇翻炒，出锅前加入彩椒，用盐调味即可。

营养功效：可以清热排毒，补充多种维生素和膳食纤维，促进产后妈妈排便，预防便秘。

党参乌鸡汤  午点

原料：乌鸡 1 只，党参 5 克，姜丝、枸杞子、盐各适量。

精心制作：

1. 锅中放入适量清水烧开，放入乌鸡焯烫，去除血水，捞出。
2. 将乌鸡、党参、枸杞子、姜丝放入锅中，加入适量清水，大火煮沸后转小火煲 2 小时，出锅前加盐调味即可。

营养功效：益脾养胃，促进食欲，补充营养，调理产后妈妈的体质。

黄花菜炒肉 晚餐

原料：猪瘦肉 150 克，干黄花菜 30 克，葱丝、料酒、淀粉、盐各适量。

精心制作：

1. 干黄花菜泡发，洗净，焯烫一下，捞出沥干；猪瘦肉切丝，放入料酒、淀粉腌制 15 分钟。
2. 锅中油热后，放入葱丝、肉丝翻炒至七成熟。
3. 加入黄花菜继续翻炒至熟透，加盐调味即可。

营养功效：能够利尿消肿，补气养神，对产后血虚有极大的功效。

玉米排骨汤 晚点

原料：玉米 1 根，排骨 300 克，葱、姜、盐各适量。

精心制作：

1. 排骨剁块，开水焯一下，沥干。
2. 玉米洗净、切段，葱切段，姜切片。
3. 锅里倒油，放入葱段、姜片爆香，倒入排骨块炒至变色。
4. 加清水放入玉米段，大火煮沸转小火煮 1 小时，出锅前加入盐调味即可。

营养功效：富含蛋白质和膳食纤维，有助于产后妈妈恢复元气。

　　用黄豆做成的豆浆浓度不一，钙量不好计量，因此不鼓励用豆制品完全替代牛奶来补充钙质。牛奶一定要摄入，它不仅可以帮助产后妈妈补钙，还可以补充蛋白质。

吃好
42天月子餐

第六章

产后第 5 周　肠胃养护

　　本周，产后妈妈的恶露已经差不多排干净了，阴道分泌物也渐渐恢复正常，身上清爽了不少。但是要注意的是，月子还没有完全结束，产后妈妈还需要对自己的身体多加呵护，以防疾病侵袭。肠胃保养的重要性也显而易见，只有拥有好的肠胃，才能养出强有力的筋骨，让自己的身体充满力量。

产后第 5 周的饮食原则

这个阶段肠胃功能基本恢复正常，但也不要吃太多高油脂食物。哺乳妈妈在前 4 周的催乳调养基础上，本周乳汁分泌有可能会增加，所以要做好乳房护理和饮食调养工作，预防乳头皲裂和乳腺炎。

需要提前准备的食材
黑米：改善贫血
薏米：减少肠胃负担
紫薯：延缓衰老
糙米：预防便秘
柚子：增强体质
干贝：增加免疫力

减少油脂摄取

到第 5 周，产后妈妈应减少油脂的摄取以利恢复身体，喝鸡汤时不要全部喝完，或者先将浮油捞去，鸡肉去皮后再食用，如此可以明显地减少脂肪的摄取。

改变烹调方式也有效果，食物用水煮、蒸、卤、炖、烫等方式处理，这样做出来的菜肴就会比用油炸、油煎的热量低很多。

全面摄入矿物质

缺铁会导致贫血，缺锌则影响智力发育，缺碘会引起甲状腺肿人……种种微量元素，新生宝宝都需要从妈妈的乳汁中获得，因此哺乳妈妈必须要保证合理地摄入。此外，哺乳期最易缺乏锌、钙、碘、铁等，要格外注意。

小米可以改善口渴

小米的营养价值很高，中医认为有清热解渴、健胃除湿、和胃安眠等功效，内热者及脾胃虚弱者适合食用。此外，它还能改善产后妈妈失眠、黄白带、胃热、反胃作呕等症状，并对缓解产后口渴有良效。我国北方有用小米加红米煮粥来调养身体的习惯。

糙米中含有丰富的维生素和微量元素，蒸米饭时可适当掺入，以补充矿物质。

热性水果要慎重吃

　　荔枝是热性水果的代表之一，在炎炎夏日食用冰凉清爽的荔枝确实是一种享受，但是因为荔枝属于热性水果，产后妈妈如果食用，极易导致上火，通过乳汁而使宝宝也出现上火或者是便秘的情况。所以为了宝宝的健康着想，产后妈妈在哺乳期间还是慎重食用荔枝一类的热性水果为好。

像荔枝、榴莲这样的水果，可偶尔食用一点，每次不要吃得过多。

饭后立即吃水果不利于消化

　　食物进入胃里需要经过 1~2 小时才能被消化、吸收。如果饭后立即吃水果，先到达胃的食物会阻滞胃肠对水果的消化，使水果在胃内停留的时间过长，从而引起腹胀、腹泻或便秘，对产后妈妈的消化功能不利。

吃水果应选择在饭前 30 分钟或饭后 30 分钟。

补钙不一定喝骨头汤

　　骨头汤主要是水、脂肪、少量的钙和蛋白质，煮汤时间长还会产生大量的嘌呤。脂肪吃得过多很容易带来肥胖，而嘌呤摄入多了会增加得高血脂、高尿酸等疾病的概率。

豆制品和牛奶也是不错的补钙选择。

食物过咸会影响泌乳

　　酱油中含较多的钠，含盐量达 25%~33%，而食物太咸会妨碍泌乳，故用酱油腌渍的食物或熟肉，哺乳妈妈都不宜食用，以免减少泌乳。

用紫菜、虾皮等鲜味食材来增加食物的风味。

哺喂讲堂——宝宝为什么打嗝

　　刚出生不久的宝宝由于横膈膜还没有发育成熟，会经常打嗝，这种现象随着宝宝的成长会慢慢好转并消失。

打嗝属正常生理现象

　　打嗝是正常的生理现象，宝宝的横膈膜尚未发育成熟，某些时候会痉挛收缩，比如吃奶过快或者受凉吸入冷空气时都会让神经受到刺激，导致膈肌不由自主地收缩，引起打嗝。

　　这种现象在刚出生的几个月都会有，如无其他不正常的身体反应，妈妈不必过于担心。

腹部胀气怎么办

　　有时候，由于宝宝吃奶过快，或在吃奶时过于用力吮吸不小心吸入空气，会导致腹部胀气。

　　吃完奶后，妈妈不要立刻将宝宝放在床上，应适当竖着抱一会儿，轻轻拍打宝宝的后背，也可对腹部进行适当的按摩，让宝宝把多余空气排出。

适当啼哭可缓解打嗝

　　如果宝宝一直打嗝，妈妈可适当给予刺激让宝宝停止打嗝。比如，用手指弹一下宝宝的足底，受到刺激的宝宝可能会啼哭。此时，妈妈会发现宝宝哭过之后，打嗝有所缓解或停止。此外，这种做法不会伤害到宝宝。

如果宝宝打嗝时口中发出奇怪的味道，则需注意其饮食和消化。

给家人的护理建议

本周，产后妈妈的身体已基本恢复，天气晴朗的时候，可以走出房间呼吸新鲜空气，让心情好好放个假。这样有助于妈妈缓解产后不良情绪，预防产后抑郁的发生。

鼓励产后妈妈多走走

散步可以使大脑皮层的兴奋、抑制和调节过程得到改善，从而产生消除疲劳、放松、镇静、清醒头脑的效果。不仅如此，散步可让胃肠蠕动增加，消化能力提高，还能调节心情，让思绪开阔，对产后妈妈的身体恢复可谓好处多多。

合理安排外出时间

产后妈妈可以外出到室外散步，虽然这时身体上已经恢复了很多，但还是不要过于疲惫。如果行走的时间比较长，或者外出比较劳累，没有得到适当的休息，可能会影响产后恢复。当身体感觉疲倦时，要马上坐下来休息，以身体可接受程度为标准来衡量，在户外散步的时间从短到长逐渐增加，不要活动太久。

注意产后妈妈的防寒保暖

月子期间外出时要注意保暖，如果天气比较恶劣，尽量减少户外活动。产后妈妈在月子期间身体抵抗力比较差，受风之后容易感冒，所以尽量在外出时穿长衣长裤。另外，要选择较柔软的鞋子，在保证舒适度的同时，又能保护产后妈妈的脚部。还需注意，脚踝、头部都容易受风，所以也要对这些部位做好保暖措施，切不可一时大意落下病根。

好爸爸应该做的

带宝宝到户外晒晒太阳

妈妈身体不适或比较劳累的时候，带宝宝到户外活动的任务应当由爸爸来主动承担。在天气暖和的时候，爸爸可以给宝宝穿上暖和舒适的衣服，再给宝宝戴一顶小帽子，出门活动一小会儿。在抱着宝宝时，要多跟宝宝说说话，以培养良好的亲子关系。

产后 29 天食谱推荐

一日餐单

早餐： 小米红枣粥，糊塌子，苹果
午餐： 黑米饭，黄瓜炒鸡蛋，笋干烧肉
午点： 花生红豆汤

晚餐： 香煎带鱼，水煮肉片，麻酱花卷
晚点： 黄豆猪蹄汤

小米红枣粥 早餐

原料： 小米 50 克，红豆 30 克，红枣适量。

精心制作：

1. 红豆洗净，用水浸泡 4 小时；小米淘洗干净；红枣洗净。

2. 把锅烧热，倒入适量清水烧开，加红豆煮至半熟，再放入洗净的小米、红枣，煮至烂熟成粥即可。

营养功效： 含有多种维生素和微量元素，有助于产后妈妈健脾益胃、补气养血、养血安神。

黑米饭 午餐

原料： 黑米 100 克。

精心制作：

1. 黑米淘好，浸泡 30 分钟。

2. 将泡米水和黑米一同倒入电饭锅内，把黑米蒸熟即可。

营养功效： 补充维生素、调节肠胃、改善缺铁性贫血、调节免疫力，对虚弱的产后妈妈有良好的补养作用。

花生红豆汤　🕐 午点

原料：红豆、花生各 30 克。

精心制作：

1. 红豆、花生分别洗净。
2. 将红豆、花生加水，大火烧开后，改小火熬煮 30 分钟即可。

营养功效： 提高产后妈妈免疫功能，促进血液循环，从而减少高血压的患病风险，对改善水肿也有益。

香煎带鱼　🕐 晚餐

原料：带鱼 200 克，鸡蛋 1 个，葱丝、盐各适量。

精心制作：

1. 带鱼洗净切段，抹上盐；鸡蛋打散成蛋液。
2. 锅中倒油烧至七成热时，带鱼蘸上蛋液，下锅煎至两面金黄。
3. 出锅装盘后，用葱丝点缀即可。

营养功效： 含有丰富的镁元素，还有养肝补血、润肤养发的功效。

黄豆猪蹄汤　🕐 晚点

原料：新鲜猪蹄 1 个，黄豆 50 克，葱、姜、盐各适量。

精心制作：

1. 猪蹄处理干净，剁块；黄豆洗净，泡好；葱切末；姜切片。
2. 锅内倒入清水，将猪蹄、黄豆、葱、姜放入，大火煮沸转小火炖煮 1 小时。
3. 最后加入盐调味即可。

营养功效： 黄豆含有丰富的维生素及蛋白质，有健胃活血脉的作用，在产后妈妈乳汁不足时可选择食用。

　　产后妈妈坐月子时往往只注重第 1 个月的营养，出了月子，即从第 2 个月起开始忽视营养，导致产后妈妈体质变弱，不利于哺乳。因此，产后妈妈应注重整个哺乳期的科学合理膳食，持续均衡地摄取各种营养。

产后 30 天食谱推荐

一日餐单

早餐：燕麦粥，鸡蛋，烧卖

午餐：上汤娃娃菜，土豆烧牛肉，鸡蛋饼

午点：樱桃牛奶

晚餐：空心菜炒瘦肉，香菇炒豌豆，米饭

晚点：红豆莲子魔芋羹

燕麦粥 🕐 早餐

原料：燕麦 20 克，大米 50 克。

精心制作：

1. 燕麦、大米淘洗干净，用清水浸泡 30 分钟。

2. 锅中倒入清水，将燕麦和大米倒入，大火煮沸后转小火继续煮至米熟烂即可。

营养功效：可促进产后妈妈肠道消化，缓解便秘，帮助瘦身。

上汤娃娃菜 🕐 午餐

原料：娃娃菜 200 克，高汤 200 毫升，枸杞子、盐各适量。

精心制作：

1. 将娃娃菜洗净，叶片分开。

2. 高汤倒入锅中，汤煮开后放入娃娃菜。

3. 汤再沸时，加入枸杞子煮 5 分钟，出锅前加盐调味即可。

营养功效：可清热除燥、利尿通便，含大量膳食纤维，对产后妈妈缓解便秘有一定的效果。

樱桃牛奶 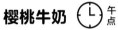 午点

原料： 樱桃 100 克，牛奶 200 毫升。

精心制作：

1. 樱桃洗净，去核，榨成果汁。
2. 在榨好的樱桃果汁中兑入牛奶搅匀后饮用即可。

营养功效： 二者所含的维生素、花青素、钙等营养素可以增强免疫力，能有效提高产后妈妈的机体抗病能力。

空心菜炒瘦肉 晚餐

原料： 空心菜 150 克，猪瘦肉 100 克，葱、姜、盐各适量。

精心制作：

1. 空心菜、猪瘦肉分别洗净，切丝；葱切段；姜切片。
2. 锅内倒油，下入姜片和葱段爆香，加入猪肉丝翻炒。
3. 炒至猪肉熟透后，加入空心菜炒至断生。
4. 出锅前加盐调味即可。

营养功效： 为产后妈妈补充维生素的同时，还可提供优质蛋白质，营养全面。

红豆莲子魔芋羹 晚点

原料： 红豆、莲子各 20 克，魔芋 30 克。

精心制作：

1. 红豆、莲子洗净，浸泡 30 分钟；魔芋洗净。
2. 将所有食材放入料理机打碎，加水煮成汤羹即可。

营养功效： 魔芋中的纤维有助产后妈妈代谢体内盐分、脂肪等废物，对瘦身有很大帮助。

　　产前没有吃过的食物，尽量不要给产后妈妈食用，以免发生过敏现象。在食用某些食物后如发生全身发痒、心慌、气喘、腹痛、腹泻等现象，很可能是因为食物过敏，应立即停止食用这些食物。豆类和海洋类食材应煮熟，以降低过敏风险。

产后 31 天食谱推荐

一日餐单

早餐：荞麦绿豆粥，小笼包，鸡蛋
午餐：素炒荷兰豆，红烧翅中，紫菜饭团
午点：当归鸡汤

晚餐：木耳炒白菜，红烧牛肉，麻酱花卷
晚点：茶树菇鸡汤

荞麦绿豆粥 🕐 早餐

原料：荞麦 50 克，绿豆 30 克。

精心制作：

1. 绿豆、荞麦洗净，放入清水中浸泡 30 分钟。
2. 绿豆加水放入锅中，大火烧开，转小火煮至绿豆开花。放入荞麦，大火再次煮开，改小火煮至荞麦熟烂。

营养功效：富含微量元素和膳食纤维，有助于产后妈妈保持排便通畅。

素炒荷兰豆 🕐 午餐

原料：荷兰豆 200 克，葱、蒜、盐各适量。

精心制作：

1. 荷兰豆择洗干净，放入沸水焯烫一下，捞出沥干；葱、蒜切末。
2. 锅内倒油烧热，下入葱末、蒜末爆香，再下入荷兰豆翻炒至熟，加适量盐调味即可。

营养功效：促进肠胃蠕动，清爽开胃，富含膳食纤维，能预防产后妈妈便秘。

当归鸡汤  午点

原料：公鸡 1 只，当归 20 克，葱、姜、盐、料酒、枸杞子各适量。

精心制作：

1. 公鸡收拾干净，洗净；当归洗净，切块；葱切段；姜切片。
2. 将当归、姜片、葱段装入鸡腹内。
3. 锅内放水，放入鸡、枸杞子，大火煮沸转小火炖至鸡肉软烂，出锅前加盐调味即可。

营养功效：可改善气虚血瘀，增强免疫力和抵抗力，有助于滋补虚弱的产后妈妈。

木耳炒白菜 晚餐

原料：木耳 50 克，大白菜 200 克，盐、葱花各适量。

精心制作：

1. 木耳洗净，撕成小朵；大白菜洗净，切片。
2. 锅中放油烧热后，放入葱花爆香，倒入木耳煸炒至六分熟。
3. 放入大白菜继续翻炒至断生，出锅前加盐调味即可。

营养功效：可预防及缓解产后妈妈缺铁性贫血，还能刺激肠胃蠕动，润肠、促进排毒。

茶树菇鸡汤 晚点

原料：公鸡 1 只，干茶树菇 15 克，葱段、姜片、盐各适量。

精心制作：

1. 公鸡处理干净，放入沸水中焯去血水，捞出沥干。
2. 干茶树菇洗净，用水泡发。
3. 锅内放入整鸡、葱段、姜片，加适量水，大火煮至沸腾后再转小火慢慢熬煮 30 分钟。
4. 放入茶树菇继续煮 30 分钟，出锅前加盐调味。

营养功效：能够促进肠胃蠕动，增强产后妈妈的抵抗力。

产后妈妈身体的各个系统尚未恢复，晚餐不宜吃得过饱，否则容易引发多种问题。首先，如果晚餐吃得太饱，胃肠负担不了，会引起消化不良、胃胀等症状。其次，晚餐吃得太饱，还会影响睡眠质量，产后妈妈得不到充分的休息，也不利于身体的恢复。

产后 32 天食谱推荐

一日餐单

早餐：薏米牛奶粥，煎蛋，烧饼
午餐：糙米饭，红烧肉，虾皮炒青菜
午点：红枣乌鸡汤

晚餐：干贝炒白菜，黄豆焖猪蹄，馒头
晚点：丝瓜鲫鱼汤

薏米牛奶糊 早餐

原料：牛奶 250 毫升，薏米 50 克。

精心制作：

1. 薏米提前泡 1 晚上。
2. 将泡好的薏米清水冲干净，放入料理机，加适量水，打成薏米浆。
3. 将薏米浆倒入锅中，加入牛奶煮沸即可。

营养功效：利水祛湿，美白抗老，能为产后妈妈补充钙质和排除毒素。

糙米饭 午餐

原料：糙米 30 克，大米 50 克。

精心制作：

1. 糙米洗净，提前用水浸泡 1 小时；大米洗净。
2. 糙米连同泡米水倒入锅中，加入大米，蒸熟即可。

营养功效：富含多种维生素，有助于产后妈妈通便利尿，预防肥胖。

红枣乌鸡汤 午点

原料： 乌鸡 1 只，红枣 6 个，枸杞子、葱丝、姜片、盐各适量。

精心制作：

1. 乌鸡收拾干净，切成块。
2. 锅内放入乌鸡块、红枣、枸杞子、葱丝、姜片，加入适量清水，大火煮沸后转小火煮 1 小时。
3. 出锅前加入盐调味即可。

营养功效： 益气滋阴，补血固本，对缓解改善产后妈妈气血亏损有一定的功效。

干贝炒白菜 晚餐

原料： 白菜 200 克，干贝、葱丝、盐各适量。

精心制作：

1. 白菜洗净，切块；干贝洗净，泡发，撕成条。
2. 锅内放油烧热后，倒入干贝、葱丝翻炒均匀。
3. 放入白菜块继续翻炒，出锅前加盐调味即可。

营养功效： 可以润肠排毒，补充多种微量元素，预防产后妈妈便秘。

丝瓜鲫鱼汤 晚点

原料： 鲫鱼 1 条，丝瓜 1 根，葱末、姜丝、料酒、盐各适量。

精心制作：

1. 鲫鱼收拾干净，撒上葱末、姜丝，淋入料酒腌制 20 分钟。
2. 丝瓜洗净，切片。
3. 锅内放鲫鱼、葱末、姜片，加水后以大火煮沸转小火续煮 20 分钟。再下入丝瓜，煮至丝瓜熟透，加盐调味即可。

营养功效： 促进产后妈妈乳汁分泌，补充水分，热量较低，能有效减脂减重。

产后妈妈可以按照先喝水，再喝汤，再吃青菜，最后吃主食和肉类的顺序来用餐，以便更好地控制体重。以此顺序进食，可以帮助妈妈减少胰岛素的分泌和防止暴饮暴食，对减重有帮助。

产后 33 天食谱推荐

一日餐单

早餐：草莓燕麦牛奶糊，面包，三明治

午餐：菠菜炒鸡蛋，羊肉手抓饭

午点：海带猪蹄汤

晚餐：清蒸黄花鱼，菠菜水饺

晚点：百合梨汤

草莓燕麦牛奶糊 早餐

原料：生燕麦片 50 克，草莓 100 克，牛奶 250 毫升。

精心制作：

1. 草莓洗净，切丁。

2. 将草莓丁、燕麦片、牛奶加入料理机，搅拌成糊。

3. 小火煮开即可。

营养功效：富含膳食纤维和维生素，能促进消化吸收。

菠菜炒鸡蛋 午餐

原料：菠菜 200 克，鸡蛋 1 个，盐适量。

精心制作：

1. 鸡蛋打散成蛋液。

2. 油锅烧热，倒入鸡蛋液，快速翻炒成块。

3. 将菠菜放入，一起翻炒均匀，出锅前加盐调味即可。

营养功效：可促进产后妈妈肠道蠕动，利于排便，预防痔疮的发生。

海带猪蹄汤  午点

原料： 猪蹄 1 个，海带 50 克，葱、姜、盐各适量。

精心制作：

1. 海带泡发；猪蹄处理干净，切块；葱切段；姜切片。
2. 锅内水烧开，下入猪蹄焯水，捞出沥干水分。
3. 锅置于火上，放入海带、葱段、姜片、猪蹄，大火煮开转小火煲煮 2 小时。出锅前加盐调味即可。

营养功效： 猪蹄富含胶原蛋白，能促进产后妈妈乳汁的分泌。

清蒸黄花鱼 晚餐

原料： 新鲜黄花鱼 1 条，姜片、葱丝、红椒丝各适量。

精心制作：

1. 将黄花鱼洗净，两边改花刀后放入大盘中，放上姜片、葱丝、红椒丝。
2. 将蒸锅置于火上，放入鱼大火蒸 10 分钟。
3. 将盘子从锅中取出，锅中放油烧热，将热油淋在鱼身上。

营养功效： 富含优质蛋白和多种矿物质，脂肪含量低，能帮助产后妈妈健脾养胃。

百合梨汤 晚点

原料： 雪梨 100 克，百合、银耳、莲子、枸杞子各适量。

精心制作：

1. 百合、莲子浸泡 24 小时；雪梨削皮切成块状。
2. 把莲子、百合放入锅中，用中火煮约 30 分钟。
3. 倒入梨块、银耳，煮 30 分钟，最后加入枸杞子再煮 5 分钟即可。

营养功效： 有助于产后妈妈益气清肠，滋阴润肺，可有效缓解季节性干燥引起的咽干嗓痛。

不渴也要常喝水，感受到口渴说明体内水分已经失衡，体内细胞脱水已经到了一定程度。产后妈妈喝水无须定时，次数不限，足量喝水有利于缓解便秘。

产后 34 天食谱推荐

一日餐单

早餐：紫薯薏米粥，麻酱花卷，鸡蛋
午餐：香菇油菜，红烧排骨，牛肉炒饭
午点：柚子汁

晚餐：清炒扁豆丝，鸡丝荞麦面
晚点：牛蒡排骨汤

紫薯薏米粥 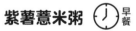 早餐

原料：薏米 30 克，紫薯 40 克，大米 20 克。

精心制作：

1. 将大米和薏米淘洗干净，加水煮成粥。

2. 将紫薯去皮，洗净切块后蒸熟。

3. 粥沸腾之后，将紫薯加入锅内搅拌均匀即可。

营养功效：含有大量的维生素，可促进新陈代谢，帮助产后妈妈排便，有助于减轻体重。

香菇油菜 午餐

原料：油菜 200 克，香菇 5 个，盐适量。

精心制作：

1. 油菜洗净，切成段。

2. 香菇泡发后，切成小块。

3. 锅内热油，将香菇倒入，快速翻炒，炒至八成熟。

4. 把油菜段倒入锅中一起翻炒，加一点水，待大火收汁后，加盐调味即可。

营养功效：二者都富含维生素和微量元素，能促进肠胃蠕动，加速营养吸收。

柚子汁 🕐 午点

原料：柚子 400 克，柠檬汁适量。

精心制作：

1. 柚子剥好后，柚子皮洗净切成丝。

2. 将柚子肉和柚子皮一起放入榨汁机中，倒入水和柠檬汁，榨成汁即可。

营养功效：柚子中含有的维生素 P 能快速修复皮肤组织，可以淡化剖宫产妈妈腹部的疤痕。

清炒扁豆丝 🕐 晚餐

原料：扁豆 200 克，葱花、盐各适量。

精心制作：

1. 扁豆洗净，切丝，放入沸水中焯烫 2 分钟，捞出沥干。

2. 油锅烧热，下入葱花炒香，倒入扁豆丝翻炒至熟，加适量盐调味。

营养功效：健脾和胃，补充维生素，有助于产后妈妈排毒养颜，润肠通便。

牛蒡排骨汤 🕐 晚点

原料：排骨 250 克，牛蒡 50 克，萝卜 100 克，葱花、盐各适量。

精心制作：

1. 排骨洗净，切块，焯烫一下，捞出沥干；牛蒡去皮，洗净，切片；萝卜去皮，洗净，切块。

2. 锅中加水放入排骨，大火煮开转小火继续煮 1 小时。将牛蒡、萝卜倒入锅中，继续煮 30 分钟后，加适量盐调味，撒上葱花即可。

营养功效：可以增强体力，同时改善产后妈妈气虚乏力的症状。

　　有些妈妈产后担心发胖，每天与蔬菜、水果为伴，其他食物摄入得过少，导致蛋白质摄入量缺乏，严重时可引发低血糖、贫血等症，还会导致乳汁营养欠佳，对宝宝的成长有极大的影响。

产后 35 天食谱推荐

一日餐单

早餐：虾皮炒西葫芦，馒头，鸡蛋
午餐：豌豆鸡米饭，西红柿鸡蛋汤
午点：胡萝卜玉米汤

晚餐：当归羊肉汤，二米饭
晚点：木瓜银耳汤

虾皮炒西葫芦 早餐

原料：西葫芦 1 个，虾皮 15 克，葱花、盐各适量。

精心制作：

1. 西葫芦洗净去皮，切丝；虾皮洗净，沥干。
2. 锅内倒油烧热后，放入西葫芦丝翻炒至八分熟。
3. 再倒入虾皮翻炒，出锅前加适量盐调味即可。

营养功效：健脾开胃，强壮骨骼，在补充钙质的同时，还可增强对维生素的吸收。

豌豆鸡米饭 午餐

原料：豌豆 30 克，鸡胸肉 80 克，糯米 50 克，盐适量。

精心制作：

1. 豌豆洗净，焯熟，沥干；鸡胸肉煮熟，切块。
2. 锅中倒油烧热后，放豌豆和鸡胸肉炒熟。
3. 糯米浸泡 40 分钟后加水，倒入炒好的豌豆和鸡肉煮成米饭，出锅前加盐，拌匀即可。

营养功效：提供脂肪酸和维生素，能防止产后妈妈便秘，还有清肠的作用。

胡萝卜玉米汤 🕐 午点

原料： 胡萝卜、玉米各半根，鸡汤 500 毫升，盐适量。

精心制作：

1. 玉米切段，胡萝卜切小段。
2. 锅中放入鸡汤烧热后，将胡萝卜和玉米放入。
3. 煮至玉米、胡萝卜熟烂，加盐调味即可。

营养功效： 调节神经系统功能，增强产后妈妈新陈代谢，还有助于抗氧化、抗衰老、清肺明目。

当归羊肉汤 🕐 晚餐

原料： 羊肉 500 克，当归、姜片各 20 克，盐、料酒各适量。

精心制作：

1. 将当归洗净，切成片。
2. 把羊肉剔去筋膜，放入沸水锅内焯去血水后，过清水洗净，用刀斩成小块。
3. 锅中加入适量的清水，大火煮沸后加入当归片、羊肉块、姜片、料酒，用小火煲 3 小时。
4. 出锅前加入盐调味即可。

营养功效： 可以补气祛湿，补气活血，改善虚劳不足，对缓解产后血虚有一定的功效。

木瓜银耳汤 🕐 晚点

原料： 木瓜 200 克，银耳 20 克，冰糖适量。

精心制作：

1. 将银耳用温水浸透泡发，洗净撕成小朵；木瓜削皮去籽，切成小块。
2. 将银耳、木瓜、冰糖一起放入锅里，加适量水煮开，然后转小火炖煮 30 分钟即可。

营养功效： 可以排毒养颜，帮助产后妈妈恢复体力、增强活力、润肠通便、补血养颜。

玉米中含有黄酮类物质，对视网膜黄斑有好处，对产后妈妈的视力保护有益处。产后妈妈经常吃玉米还能促进消化，有利于消除便秘。

吃好
42天月子餐

第七章
产后第6周 减重瘦身

月子的最后一周，随着产后妈妈身体的恢复，生殖系统也慢慢恢复到了孕前的状态，这时除了照顾宝宝，产后妈妈也要为出月子做准备。抓紧最后一周调养身体、恢复身材，为今后做个美丽时尚的辣妈打下基础。

产后第 6 周的饮食原则

这个阶段，产后妈妈应该开始注重食物的质量，要做到尽量少食用高脂肪、高蛋白、不易消化的食物，多食用豆腐、冬瓜、魔芋等营养丰富而又低脂肪的食物，便于瘦身。

需要提前准备的食材

莴笋：补充膳食纤维

猕猴桃：提高免疫力

莲藕：滋阴养胃

金针菇：促进新陈代谢

冬瓜：消肿减肥

苦瓜：清火降脂

橙子：均衡营养

控制每天摄取的热量

产后每天摄取的热量控制在不超过 2500 千卡[①]，既有利于体重的控制，也不会影响哺喂母乳。若一天少摄取 400 千卡，一个月大概可以减体重 1.5 千克。哺乳的产后妈妈如果每天少摄取 500 千卡，每星期做 4 次运动，每次运动 30 分钟，每个月可以减少 2 千克的体重，且不会影响宝宝的成长。

增加膳食纤维的摄入量

膳食纤维具有纤体排毒的功效，在产后妈妈平日三餐中应多安排西芹、南瓜、红薯、芋头这些富含膳食纤维的蔬菜，可以促进胃肠蠕动，减少脂肪堆积。

红色的蔬果有好处

番茄、西瓜、葡萄柚等红色蔬果含有丰富的番茄红素，具有极强的清除自由基的能力，有抗辐射、提高免疫力、延缓衰老等功效，产后妈妈可以经常食用。

番茄可以促进剖宫产妈妈伤口恢复，帮助身体尽快恢复到正常状态。

注①：千卡不是法定计量单位，一般生活中习惯使用，实际法定单位是千焦，1 千卡 =4.18 千焦。

贫血的时候不能减肥

产妇在分娩的时候通常会失血，容易贫血，如果在解决贫血之前开始减肥瘦身，这样势必会加重原本的贫血症状。

多吃含铁丰富的食物，如菠菜、动物肝脏等。

不能盲目地吃减肥药

跟开展任何一项瘦身活动一样，产后妈妈在开始有规律的体育运动之前，需要得到医生的许可。产后减肥需要考虑到膳食等多方面因素，不能盲目地吃减肥药瘦身，应该科学健康地瘦身。

即使是中医针灸瘦身也不宜在此时开展。

不宜经常外食

大部分餐厅提供的食物都是多油、多盐、多糖、多味精的，这样的食物不太符合产后妈妈进补的要求，所以，产后妈妈一定要注意控制外出用餐的次数。

如不得不在外面就餐时，饭前应喝些清淡的汤。

除了吃好，也要睡饱

减少睡眠时间不仅不利于减肥，还会使乳汁分泌减少。减少睡眠会使人体生长激素分泌不足，从而减缓体内脂肪的代谢。另外，睡眠不足，体内胰岛素不能正常地使葡萄糖进行代谢，脂肪转化慢，会导致体重有不同程度的增加。

睡觉也可以使脂肪得到充分的燃烧，有一定的减肥效果。

哺喂讲堂——宝宝生病怎么喂药

现阶段宝宝的体质仍旧较弱，稍有不慎就会生病，新手爸妈面对宝宝生病常常手忙脚乱。因此，新手爸妈在平时做好养护工作之余，还应储存常用药品，以备不时之需。

宝宝生病不要乱用药

宝宝不是缩小版的成年人，即便生病了也不能吃成年人所用的药物。发现宝宝出现不适或发热，正确的做法是第一时间赶往医院，在医生的指导下用药，切不可盲目给宝宝吃药，以免造成危害健康的风险。

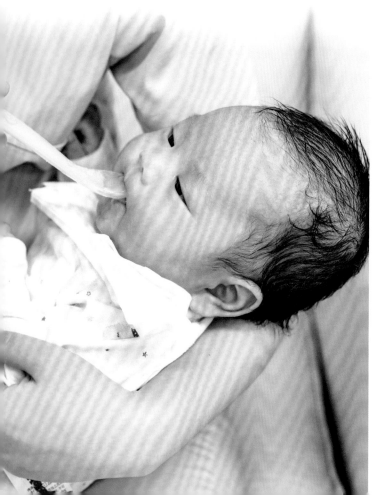

用药注意事项

从医院开回来的药，在给宝宝吃之前一定要仔细阅读说明书或是遵医嘱。宝宝的各个器官还未发育成熟，如果用药不定时定量，不但病情不会好转，还可能造成器官或内脏受损。所以，给宝宝用药一定要保持谨慎的态度。

给宝宝喂药的方法指导

给宝宝喂药，对于新手爸妈来说是很具挑战的一项任务。掌握以下小技巧可以让新手爸妈轻松应对。

如果药物是液体的，可以选用软性辅食勺，让宝宝仰头，用小勺轻轻压住宝宝的舌头从舌根处慢慢喂入；如果是液态胶囊，则让宝宝微微仰头，将胶囊扎孔，直接对准宝宝的嘴滴入即可；如果是栓剂，如退热栓之类，则根据说明书上的说明摆好宝宝的姿势，洗净双手，慢慢将栓药推进宝宝的肛门即可。

不要捏着宝宝的鼻子灌药，捏住鼻子后宝宝只能用嘴呼吸，很容易呛到。

给家人的护理建议

经过十月怀胎的辛苦和分娩的痛楚，夫妻俩少有自己的时间享受二人世界，但想要愉悦尽兴地享受夫妻生活，还需等待时机。

何时恢复夫妻生活

产后很多夫妻都会考虑这个问题。对于顺产的妈妈来说，大概需要 10 天左右的时间恢复外阴，子宫恢复产前大小需要 42 天左右的时间，子宫内膜恢复时间较长，需要至少 56 天的时间。剖宫产妈妈的恢复期则比顺产妈妈的要久一点，建议 3 个月以后再适当进行性生活。

哺乳期也会怀孕

有些妈妈在产后不会马上来月经，所以以为不来月经就不会怀孕。哺乳可以刺激脑垂体分泌泌乳素，而泌乳素的产生可以通过一系列的反应对卵巢产生一定的抑制作用。虽然对排卵有抑制作用，怀孕概率较小，但是每个产后妈妈的身体情况不一样，因此还是有再次怀孕的概率存在。

恢复夫妻生活视具体状况来定

因性生活不当等原因造成的产褥期感染、发热出血等症状，对产后妈妈身体影响很大，可能导致外阴、子宫、子宫内膜的细菌感染。过早同房会对产后妈妈的生殖系统造成二次伤害。因此，产后第 1 次同房的时间，应根据产后妈妈自身的恢复情况来安排。

建立和谐的夫妻关系

好爸爸
应该做的

和谐的夫妻关系能够给产后妈妈带来很大的信心跟鼓励。产后妈妈要面对各种生理和心理的变化，夫妻间的恩爱可以让妈妈保持良好的心情，这种情绪也会感染到宝宝，能够让成长发育中的宝宝感觉到家庭美满的幸福。

产后 36 天食谱推荐

一日餐单

早餐：海带紫菜汤，烧卖，煎蛋
午餐：芝麻拌菠菜，土豆腊肠焖饭
午点：橙子蒸蛋

晚餐：蛋黄紫菜饼，番茄炖牛腩，小米粥
晚点：蓝莓酸奶

海带紫菜汤 早餐

原料：海带 50 克，紫菜 20 克，姜丝、香油、盐各适量。

精心制作：

1. 将海带洗净，切丝。
2. 在锅里加适量清水，放入海带丝和姜丝煮 5 分钟。
3. 再加入紫菜，继续煎煮 5 分钟，出锅前调入香油和盐即可。

营养功效：参与热量代谢，缓解胃溃疡，提高产后妈妈食欲，补充微量元素。

芝麻拌菠菜 午餐

原料：菠菜 200 克，白芝麻 20 克，盐、香油、醋各适量。

精心制作：

1. 菠菜洗净，切段，焯烫一下，捞出沥干。
2. 将菠菜段放入碗中，加适量盐和醋，撒上白芝麻，淋上香油，拌匀即可。

营养功效：可以提升食欲，同时保护产后妈妈的肠胃，补充钙质和铁元素。

橙子蒸蛋 🕐 午点

原料：鸡蛋、橙子各 1 个。

精心制作：

1. 橙子切开两半，用小勺慢慢挖出里面的肉。
2. 鸡蛋打散，将果肉倒入蛋液里。
3. 将搅拌好的蛋液倒入碗中，盖上保鲜膜，戳几个小洞，水滚后放到蒸锅里，用中火蒸 10 分钟即可。

营养功效： 能够有效提高产后妈妈的机体免疫力，促进排便，健脑抗衰，养血驻颜。

蛋黄紫菜饼 🕐 晚餐

原料：紫菜 30 克，蛋黄 2 个，面粉 50 克，盐适量。

精心制作：

1. 紫菜洗净，切碎，与蛋黄、面粉、盐一起搅拌均匀。
2. 油锅烧热，将紫菜蛋黄液倒入锅中，用小火煎成两面金黄。
3. 出锅后凉凉，切小块即可。

营养功效： 蛋黄中含有丰富的卵磷脂、钙、铁，有助于产后妈妈补铁、补钙。

蓝莓酸奶 🕐 晚点

原料：蓝莓 50 克，酸奶 150 克。

精心制作：

1. 蓝莓洗净，一半放入料理机，一半备用。
2. 将一半蓝莓和酸奶倒入料理机，一起搅拌成浆，倒入杯中。
3. 另一半蓝莓点缀即可。

营养功效： 含有丰富的营养成分，具有保护视力、强心、软化血管、增强产后妈妈机体免疫等功效。

　　酸奶营养价值高，还可以促进肠胃蠕动，对产后妈妈身体的恢复是有较大好处的。在饮用时，产后妈妈要注意不能空腹喝酸奶，最好在饭后2小时内饮用。因为空腹喝酸奶，酸奶中的乳酸菌很容易被胃酸杀死，其营养价值和保健作用会被大大削减。

产后 37 天食谱推荐

一日餐单

早餐：枸杞子粥，小笼包，煎蛋
午餐：小米南瓜饭，回锅肉，紫菜蛋花汤
午点：鸭腿汤

晚餐：糖醋小排，蟹黄豆腐，米饭
晚点：冬瓜白菜汤

枸杞子粥 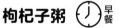 早餐

原料：小米 50 克，枸杞子、红枣各适量。

精心制作：

1. 枸杞子、红枣、小米分别洗净。

2. 锅内加水煮开，放入小米煮至黏稠。

3. 放入枸杞子、红枣，再继续煮 10 分钟即可。

营养功效：促进血液循环，缓解疲劳，防止动脉硬化，增强产后妈妈身体抵抗力。

小米南瓜饭 午餐

原料：小米 50 克，南瓜 100 克。

精心制作：

1. 小米洗净，南瓜洗净切小块。

2. 锅里放水煮开，放入小米和南瓜块。

3. 大火煮开，然后转小火将小米焖煮即可。

营养功效：保护胃黏膜，帮助消化，加快体内毒素排出的速度。

鸭腿汤  午点

原料：鸭腿1个，葱片、姜片、红枣、盐各适量。

精心制作：

1. 鸭腿洗净，在热水锅中焯烫一下。
2. 锅中放少许油，放入鸭腿炒香，放入葱片、姜片、红枣。
3. 加入清水，中火炖1小时，出锅前加盐即可。

营养功效：能有效提高人体免疫力，促进产后妈妈排便，防止便秘。

糖醋小排 晚餐

原料：排骨300克，蒜、料酒、糖、盐各适量。

精心制作：

1. 排骨洗净，切段，焯烫，去除血水。
2. 热锅起油，放糖炒出糖色，倒入排骨翻炒，放入蒜、料酒、盐。
3. 加水煮至排骨熟烂，大火收汁即可。

营养功效：含蛋白质、磷酸钙，能改善产后妈妈缺铁性贫血，并软化血管、降低胆固醇。

冬瓜白菜汤 晚点

原料：白菜100克，冬瓜50克，盐适量。

精心制作：

1. 白菜洗净，切段；冬瓜去皮、切块。
2. 锅中放水，放入冬瓜、白菜，大火煮开后，加盐调味即可。

营养功效：含大量维生素，能平衡机体营养，缓解产后妈妈因消化不良引起的食欲不振。

冬瓜中所含的丙醇二酸，能有效地抑制糖类转化为脂肪，加之冬瓜本身不含脂肪，热量不高，对帮助产后妈妈控制体重、预防过度肥胖有一定的积极作用。患有高血压、肾脏病、妊娠水肿的产后妈妈可适当多食。

产后 38 天食谱推荐

一日餐单

早餐：黑豆豆浆，烧饼，鸡蛋
午餐：木瓜银耳鲫鱼汤，番茄炒鸡蛋，米饭
午点：鲜榨橙汁

晚餐：苦瓜炖牛腩，白灼秋葵，鸡蛋饼
晚点：罗宋汤

黑豆豆浆 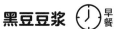 早餐

原料：黑豆 50 克。

精心制作：

1. 黑豆洗净，浸泡 4 小时。
2. 将黑豆加适量清水放入料理机中，启动"豆浆"程序即可。

营养功效：防止便秘，增强活力，对缓解产后妈妈体虚乏力有一定的效果。

木瓜银耳鲫鱼汤 午餐

原料：鲫鱼 1 条，木瓜 200 克，银耳 10 克，盐适量。

精心制作：

1. 鲫鱼处理干净，木瓜切块，银耳泡发。
2. 锅中油热后，放入鲫鱼煎至变色。
3. 将煎好的鲫鱼放入锅，加入开水，放入木瓜、银耳炖煮至汤汁呈奶白色，出锅前加盐调味即可。

营养功效：能延缓衰老，促进吸收，对产后妈妈疏通乳腺也有极大的帮助。

鲜榨橙汁  午点

原料：橙子2个。

精心制作：

1. 一个橙子洗净切块，去除果皮，加入适量凉白开或温水倒入料理机内打成果汁。
2. 果渣可不滤除，与果汁一起喝。

营养功效：可以补充维生素和矿物质，对产后妈妈的中枢神经和免疫系统有重要作用。

苦瓜炖牛腩 晚餐

原料：牛腩300克，苦瓜1个，姜片、料酒、糖、盐各适量。

精心制作：

1. 牛腩洗净切块，用料酒、姜片腌渍15分钟；苦瓜洗净，切成片。
2. 热锅放油，牛腩下锅，加入料酒、糖、翻炒均匀。
3. 加清水烧沸，转小火炖2小时，加入苦瓜，再煮10分钟，加盐调味即可。

营养功效：能消暑解渴，促进产后妈妈新陈代谢，提高机体抗病能力。

罗宋汤 晚点

原料：番茄、牛肉各80克，洋葱、土豆各50克，牛奶100毫升，盐适量。

精心制作：

1. 番茄、土豆去皮切丁；洋葱切丁；牛肉切块。
2. 起锅烧油，将番茄、洋葱、土豆下锅煸炒。
3. 锅中加水，倒入牛肉和牛奶炖煮1小时，出锅前加盐即可。

营养功效：能促进消化，增强产后妈妈机体抵抗力，同时可以缓解皮肤病。

奶水充足的产后妈妈不必额外喝大量肉汤，奶水不足的可以喝一些肉汤，但也不必持续一个月。摄入脂肪过多，不仅体形不好恢复，而且还会导致孩子腹泻，这是因为奶水中也会含有大量脂肪颗粒，宝宝吃后难以吸收。

产后 39 天食谱推荐

一日餐单

早餐：猪肝菠菜粥，蒸饺，鸡蛋
午餐：红豆饭，红烧排骨，青菜花蛤汤
午点：猕猴桃汁

晚餐：小米炖海参，糊塌子
晚点：黄芪芝麻糊

猪肝菠菜粥  早餐

原料：猪肝 100 克，大米 50 克，菠菜、胡萝卜、盐各适量。

精心制作：

1. 大米洗净；猪肝切丁；菠菜、胡萝卜切碎。

2. 先将猪肝和大米一起放入锅中，加水煮成粥。

3. 出锅前再放入胡萝卜碎和菠菜碎，加盐调味即可。

营养功效：止咳润肠，敛阴润燥，通肠胃，有助于产后妈妈消化。

红豆饭 午餐

原料：大米 50 克，红豆 30 克。

精心制作：

1. 大米洗净；红豆洗净，浸泡 2 小时。

2. 将大米和红豆倒入电饭锅中，加适量清水，盖上锅盖，按下"蒸饭"键，蒸成米饭即可。

营养功效：补血利尿，理气活血，祛湿，促进消化，有利于缓解产后妈妈水肿、胃口差等不适。

狝猴桃汁 🕐 午点

原料：狝猴桃 200 克，柠檬汁适量。

精心制作：

1. 将狝猴桃洗干净，去皮，切成块。
2. 狝猴桃放入料理机中，榨出果汁，倒入杯中。
3. 最后加入柠檬汁调味即可。

营养功效：有助于止渴利尿，并含有丰富的维生素，能提高产后妈妈的免疫力。

小米炖海参 🕐 晚餐

原料：小米 50 克，干海参 1 只，鸡汤 250 毫升，枸杞子、薏米各适量。

做法：

1. 干海参提前发好。
2. 小米、薏米加鸡汤炖成粥。
3. 将发好的海参、枸杞子放入粥中，上火再蒸 10 分钟即可。

营养功效：含有丰富的蛋白质、胶原蛋白、多种维生素，易吸收、消化，还可以补血健脑，调节产后妈妈睡眠。

黄芪芝麻糊 🕐 晚点

原料：大米 40 克，黑芝麻 20 克，黄芪 15 克。

精心制作：

1. 将黄芪煎取汁液，去渣。
2. 大米洗净，浸泡 2 小时；黑芝麻淘洗干净。
3. 将大米、黑芝麻、黄芪汁放入料理机中，打成米糊即可。

营养功效：益气补血，润肠通便，对产后妈妈排便无力、身体疲乏有一定的效果。

茶叶中含有的鞣酸会影响肠道对铁的吸收，容易引起产后贫血。而且，茶水中还含有咖啡因，产后妈妈饮用茶水后不仅难以入睡，影响体力恢复，咖啡因还会通过乳汁进入宝宝的身体内，可能导致发生肠痉挛或突然无故地啼哭。

产后 40 天食谱推荐

一日餐单

早餐：鲜虾粥，小笼包
午餐：虾皮炒鸡蛋，土豆炖牛肉，玉米饼
午点：银耳梨汤

晚餐：莲藕排骨汤，清炒豆芽，米饭
晚点：南瓜汁

鲜虾粥 🕐 早餐

原料：大虾 150 克，大米 50 克，盐、葱末、姜片、胡椒、料酒各适量。

精心制作：

1. 大米淘洗干净，加清水和姜片，熬至米粒开花。

2. 虾去掉虾线，用盐、胡椒、料酒将虾腌制一下。

3. 等粥熬好后，把火调大，并把腌过的虾放进粥里，等虾变红后加入葱末即可。

营养功效：能补充水分，避免血液黏稠，帮助产后妈妈消化，并使妈妈易有饱腹感。

虾皮炒鸡蛋 🕐 午餐

原料：鸡蛋 2 个，虾皮 50 克，葱花适量。

精心制作：

1. 将鸡蛋打成蛋液。

2. 锅中放油，烧热后将蛋液倒入，炒至八成熟。

3. 加入虾皮，炒至虾皮微黄，出锅前撒上葱花即可。

营养功效：能保护心血管，缓解神经衰弱，预防骨质疏松，在一定程度上增强产后妈妈的体质。

银耳梨汤 🕐 午点

原料：雪梨 1 个，银耳、枸杞子、冰糖各适量。

精心制作：

1. 银耳冷水泡发，雪梨洗净后切块。
2. 锅内烧开水后，将雪梨块倒入锅中，小火炖煮 30 分钟。
3. 再把泡好的银耳撕成小朵放入，加冰糖、枸杞子炖煮 20 分钟即可。

营养功效：有助于产后妈妈益气安神，滋阴养胃，生津润肺，强心健脑。

莲藕排骨汤 🕐 晚餐

原料：排骨 300 克，莲藕 100 克，葱丝、姜丝、盐各适量。

精心制作：

1. 排骨切块，在开水中焯出血沫，捞出。
2. 锅中倒入清水，将焯好的排骨连同葱丝、姜丝放入开始炖煮。
3. 排骨炖煮至熟以后，将洗净切片的莲藕放入，再炖煮 30 分钟，加盐调味即可。

营养功效：可帮助产后妈妈益气补血、润肠道、清热解毒，滋补身体。

南瓜汁 🕐 晚点

原料：南瓜 250 克，蜂蜜适量。

精心制作：

1. 南瓜去皮切块，放入热水锅中煮 15 分钟。
2. 南瓜捞出凉凉，加适量清水放入料理机打碎。
3. 打成汁后加入蜂蜜即可饮用。

营养功效：能保护肠胃，补充钙质，护肝明目，让产后妈妈的抵抗力逐步得到提升。

在食用蔬菜、水果前，应认真用盐把食材清洗干净，然后用水浸泡10分钟，再次清洗，以避免农药污染。农药残留会通过乳汁传递给宝宝，给宝宝带来健康隐患。

产后 41 天食谱推荐

一日餐单

早餐：鸡丝金针菇，菠菜粥，馒头
午餐：宫保鸡丁，酱汁豆腐，米饭
午点：樱桃苹果汁

晚餐：香菇炒鸡蛋，红烧狮子头，麻酱花卷
晚点：梨水

鸡丝金针菇 🕐 早餐

原料：鸡胸肉 150 克，金针菇 80 克，葱末、姜末、盐各适量。

精心制作：
1. 鸡胸肉、金针菇焯熟，凉凉后撕成丝。
2. 锅中倒油烧热后，放入葱末、姜末爆香，倒入鸡丝和金针菇丝煸炒。
3. 炒至鸡肉熟透，加盐调味即可。

营养功效：富含微量元素和蛋白质，能帮助产后妈妈加速代谢，增强免疫力，预防过敏性疾病。

宫保鸡丁 🕐 午餐

原料：鸡胸肉、莴笋各 150 克，甜椒、葱段、姜末、盐、淀粉各适量。

精心制作：
1. 甜椒洗净切块；鸡胸肉洗净切丁，放姜末、盐、淀粉抓匀；莴笋去皮，洗净切丁。
2. 锅中放油烧热，放葱段爆香，放甜椒块翻炒，再放鸡肉丁炒至变色，最后放入莴笋丁翻炒均匀。
3. 出锅前加入盐调味即可。

营养功效：帮助产后妈妈补充蛋白质和维生素，可滋补五脏、强健脾胃。

樱桃苹果汁 午点

原料：苹果 200 克，樱桃 100 克。

精心制作：

1. 苹果洗净，去核，切成块；樱桃洗净，去核。
2. 将苹果和樱桃放入料理机中榨成汁即可。

营养功效：增强产后妈妈造血功能，缓解衰老。

香菇炒鸡蛋 晚餐

原料：香菇 80 克，鸡蛋 1 个，葱丝、盐各适量。

精心制作：

1. 香菇洗净切片；鸡蛋打成蛋液。
2. 热锅烧油，把鸡蛋炒熟盛出。
3. 重新倒油烧热，放葱丝煸香，放入香菇煸炒片刻，倒入炒好的鸡蛋翻炒，加盐即可出锅。

营养功效：香菇富含微量元素和维生素，与鸡蛋搭配可以为产后妈妈补充蛋白质。

梨水 晚点

原料：梨 350 克。

精心制作：

1. 将雪梨洗净，去皮，去掉梨核，并将处理好的梨，切成块。
2. 锅中加入适量水，将梨块放入。
3. 大火煮开后，改为小火煮 15 分钟即可。

营养功效：补充维生素和矿物质，有助于产后妈妈润肺降燥。

　　全素食容易使产后妈妈缺乏牛磺酸，对产后视力有所影响，同时会影响到脂溶性维生素的吸收，因为维生素A、维生素D、维生素E和维生素K需要在脂肪的协助下才能被吸收。

产后 42 天食谱推荐

一日餐单

早餐：玉米胡萝卜粥，香菇锅贴
午餐：洋葱炒鸡蛋，炸酱面
午点：苹果芹菜汁

晚餐：莴笋炒蛋，糖醋里脊，鸡蛋饼
晚点：牛奶鸡蛋醪糟

玉米胡萝卜粥 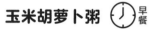 早餐

原料：大米 50 克，胡萝卜半根，玉米粒 30 克，葱花适量。

精心制作：

1. 大米洗净；胡萝卜洗净切碎。
2. 将大米加适量水放入电饭锅中，再将玉米粒和胡萝卜碎放入。
3. 按"煮粥"键，煮熟，盛出撒上葱花即可。

营养功效：可防止便秘，清肝明目，调节产后妈妈身体代谢并增强抵抗力。

洋葱炒鸡蛋 午餐

原料：洋葱 200 克，鸡蛋 2 个，盐适量。

精心制作：

1. 洋葱洗净切丝；鸡蛋打散，放入盐搅匀。
2. 热锅烧油，倒入蛋液炒熟。
3. 锅中倒入底油，倒入洋葱翻炒，2 分钟后倒入鸡蛋翻炒，加盐即可出锅。

营养功效：能促进消化，发散风寒，提高产后妈妈的免疫力，还有杀菌的功效。

苹果芹菜汁 🕐 午点

原料： 苹果 100 克，胡萝卜、芹菜梗各 30 克。

精心制作：

1. 胡萝卜、芹菜梗洗净，切成丁；苹果洗净，去蒂除核，切成丁。
2. 将胡萝卜丁、苹果丁和芹菜丁放入料理机中榨汁调匀即可。

营养功效： 保护心血管，缓解产后妈妈因压力过大造成的不良情绪，同时养颜祛斑。

莴笋炒蛋 🕐 晚餐

原料： 莴笋 150 克，鸡蛋 1 个，盐适量。

精心制作：

1. 莴笋去皮洗净、切成片，鸡蛋打散。
2. 锅中倒油烧热，滑入鸡蛋，翻炒至鸡蛋熟，盛出。
3. 锅中倒少许油烧热，放入莴笋片快速翻炒，加入炒好的鸡蛋翻炒片刻，调入盐即可。

营养功效： 增强胃液和消化液的分泌，促进产后妈妈排尿，维持水平衡。

牛奶鸡蛋醪糟 🕐 晚点

原料： 牛奶 250 毫升，醪糟 50 克，鸡蛋 1 个，熟芝麻、熟花生、葡萄干各适量。

精心制作：

1. 牛奶用大火煮开后，调至小火，加入醪糟继续煮 5 分钟。
2. 倒入打散的鸡蛋液，搅拌成蛋花。
3. 出锅后趁热加入熟芝麻、熟花生、葡萄干即可。

营养功效： 促进血液循环和消化吸收，同时帮助产后妈妈补气补血。

根据产后妈妈的口味，选用多样化的烹调方法调动胃口。对于产妇健康有益的食材，可以换着花样烹饪。对喜酸、嗜辣的妈妈，烹调中可适当增加调味料，提升食欲。

吃好
42天月子餐

第八章
特殊功效的菜谱推荐

产后妈妈可能还要面临各种各样的产后不适，如恶露不尽、乳房胀痛、母乳不足、肥胖、便秘等。这些问题困扰着产后妈妈，让产后妈妈痛苦不堪，也不利于产后妈妈恢复身体健康。本章为产后妈妈推荐一些食疗方，让产后妈妈的健康生活从美味的食疗开始。

催乳

　　母乳不足，产后妈妈往往心急如焚。除了要调节心理和生理状态之外，产后妈妈也可以多吃些营养丰富的食物和汤类，这对提升母乳的质量有很大的帮助，帮产后妈妈解决烦恼，满足宝宝身体成长需要。

黄芪猪肝汤

原料：猪肝 500 克，黄芪 60 克，姜片、盐各适量。

精心制作：

1. 猪肝洗净切片，加黄芪、姜片和水一起煮。
2. 待水煮沸后，加盐，转小火煮 30 分钟。

通草猪骨汤

原料：新鲜猪骨 500 克，通草 6 克，盐适量。

精心制作：

1. 将猪骨洗净。
2. 锅中加水，倒入猪骨和通草，一起用中火煮 1 小时。
3. 出锅前加盐调味即可。

(滋养贴士) 猪骨具有补气、补血、生乳的作用，加上通草后催乳效果更佳。

丝瓜仁鲢鱼催乳汤

原料：丝瓜仁 50 克，鲢鱼 1 条，盐适量。

精心制作：

1. 鲢鱼洗净，去鳃、去鳞、去内脏。
2. 鲢鱼与丝瓜仁一同熬煮成汤，出锅前加盐调味。

(滋养贴士) 鲢鱼富含氨基酸和维生素A，丝瓜可以疏通乳腺，二者搭配可增加泌乳。

乌鸡白凤汤

原料：新鲜乌鸡 1 只，白凤尾菇 50 克，葱段、姜片、盐各适量。

精心制作：

1. 乌鸡洗净；锅里倒入清水，加入姜片煮沸，放入乌鸡、白凤尾菇、葱段，以小火焖煮至熟。
2. 出锅前加盐调味即可。

(滋养贴士) 乌鸡具有滋补肝肾的作用，可以生津养血，养益精髓，促进乳汁分泌。

木瓜花生红枣汤

原料：木瓜 200 克，花生 30 克，红枣、红糖各适量。

精心制作：

1. 木瓜去皮、去籽、切块。
2. 将木瓜、花生、红枣加适量水放入锅内，放入红糖，待水煮沸后改用小火煲 30 分钟即可。

(滋养贴士) 木瓜含大量的维生素、蛋白质、水分等，搭配花生、红枣，能促进乳汁分泌。

木瓜中含有大量水分、碳水化合物、蛋白质、多种维生素等，可补充产后妈妈所需营养。

贫血

　　分娩时失血较多，很容易造成产后妈妈贫血，严重时会影响身体恢复，同时也不利于对宝宝的哺乳，所以，产后妈妈要早发现、早防治，通过健康的饮食，可在一定程度上缓解贫血症状。

党参桂圆红枣汤

原料： 党参 20 克，桂圆 50 克，红枣、枸杞子各适量。

精心制作：

1. 党参、红枣、枸杞子洗净，桂圆去壳。
2. 盅内倒水，将党参、红枣、桂圆、枸杞子放入，炖 40 分钟即可。

枸杞子牛骨汤

原料： 牛骨 250 克，枸杞子 15 克，黑豆 30 克，红枣 20 克，盐适量。

精心制作：

1. 牛骨洗净，焯水，去除血沫。
2. 将焯好的牛骨和枸杞子、黑豆、红枣一同放入锅中炖煮 1 小时，出锅前加盐调味即可。

滋养贴士 枸杞子加牛骨，补气血，益肝肾，对改善产后失血、面白唇淡、头晕目眩都有很好的功效。

当归牛肉汤

原料： 当归 30 克，姜片 50 克，牛肉 150 克，盐适量。

精心制作：

1. 将牛肉洗净，切成块，焯水，去除血沫。
2. 姜片、牛肉、当归一同入锅，加水炖煮 1 小时，出锅前加盐调味即可。

滋养贴士 牛肉和当归搭配可补气益血，祛寒止痛，适用于产后妈妈因气血不足所致发热、自汗、肢体酸痛等症。

猪肝瘦肉粥

原料： 猪肝 80 克，瘦肉、大米各 50 克，盐适量。

精心制作：

1. 猪肝洗净，切片；瘦肉切成丝；大米洗净。
2. 锅中放水，将大米、猪肝、瘦肉一起放入锅中，中火煮 30 分钟至大米熟烂。
3. 出锅前加盐调味即可。

滋养贴士 含有丰富的蛋白质和铁、锌等元素，对于补充体内的矿物质元素，以及改善血液循环具有一定的效果。

鸭血紫菜汤

原料： 鸭血 100 克，紫菜、葱花、盐各适量。

精心制作：

1. 将鸭血切成 1 厘米宽、4 厘米长的条。
2. 锅中加水烧热后，放入鸭血、紫菜、葱花，一起煮 10 分钟，出锅前加盐调味。

滋养贴士 含有丰富的铁，可以改善贫血乏力，有调理气血的功效。

紫菜中的铁元素，能促进体内血红蛋白的形成，可增强造血功能。

恶露不尽

　　生完宝宝后，妈妈体内残留的血和浊液会慢慢排出体外，这就是"恶露"。正常情况下，在产后 20 天左右，恶露可排除干净。但如果长时间淋漓不绝，即为"恶露不尽"。产后妈妈除了去医院进行详细检查治疗之外，也可用食疗来调理身体，避免引发其他疾病。

阿胶米酒鸡蛋羹

原料： 鸡蛋 1 个、阿胶 10 克、米酒 100 克，枸杞子、熟芝麻各适量。

精心制作：

1. 把鸡蛋放入碗中，用筷子均匀地打散。
2. 将阿胶粉碎，放入锅中浸泡，加入米酒和少许清水，用小火炖熟。
3. 煮沸至凝胶状后，倒入打好的蛋液，隔水蒸熟，再加入枸杞子、熟芝麻即可。

山楂可以活血祛瘀，促进子宫收缩，加快子宫恢复。

山楂红糖饮

原料：山楂 30 克，红糖适量。

精心制作：

1. 将山楂洗净，切成薄片。
2. 锅中加入适量清水，放在火上，山楂倒入锅中，用中火煮 20 分钟，加入红糖再煮 10 分钟即可。

滋养贴士 山楂不仅能驱散血凝块，还具有补血益血的功效，可促进恶露不尽的产后妈妈尽快排出恶露。

莲藕饮

原料：莲藕 200 克，糖适量。

精心制作：

1. 将莲藕洗净，去皮，切成块。
2. 放入榨汁机中，加水榨成汁，在藕汁中加入糖即可饮用。

滋养贴士 莲藕饮具有清热凉血、活血止血的功能，适用于恶露不尽的产后妈妈，有助于改善此症状。

参芪粥

原料：人参 9 克，黄芪 15 克，焦艾叶 10 克，糯米 50 克。

精心制作：

1. 黄芪、焦艾叶用纱布包好，加适量水，与人参煎煮 30 分钟。
2. 留人参去黄芪、焦艾叶药包，再加入糯米煮成粥。

滋养贴士 可益气补血，对产后气虚、恶露不尽、面色无华、头晕失眠等症状有效。

白萝卜羊肉汤

原料：羊肉 250 克，白萝卜半根，盐适量。

精心制作：

1. 将羊肉洗净，切成块；白萝卜去皮，切成片。
2. 锅中放水，倒入羊肉、白萝卜一起煮 1 小时。
3. 出锅前加盐调味即可。

滋养贴士 可以补中益气，行血去瘀，适用于产后气虚血瘀、恶露不尽、脐腹冷痛、身倦无力的妈妈。

水肿

　　在分娩之后大多新妈妈会出现水肿的情况，有些产后水肿会慢慢消失，有些产后水肿会持续一段时间。正常情况下，2~4 周水肿会逐渐缓解消失，恢复到正常的状态。产后妈妈可以从饮食方面入手，改善水肿的症状。

红糖姜汤

原料：姜 50 克，红糖 15 克。

精心制作：

1. 姜洗净，切成粒。
2. 姜与红糖一起放入瓦煲中，加适量水，大火煲至汤沸，再改用小火煲 45 分钟即可。

薏米红豆汤

原料：薏米 20 克，红豆 30 克，冰糖适量。

精心制作：

1. 将薏米、红豆洗净浸泡 4 小时。

2. 薏米加水煮至半软后再加入红豆煮熟，之后再加入冰糖，待冰糖溶解后熄火，放凉后即可食用。

（滋养贴士）薏米和红豆搭配可以达到强健肠胃、利水消肿的效果。

西芹炒百合

原料：西芹 100 克，百合 150 克，盐适量。

精心制作：

1. 把百合掰成瓣洗净；西芹洗净，切段。

2. 将百合和西芹一起放入锅中略炒熟，加盐调味即可。

（滋养贴士）西芹含丰富的胶质性碳酸钙，容易被人体吸收。此外，西芹还富含钾，可缓解腿部水肿的现象。

桑葚枸杞子粥

原料：大米 50 克，车前子、桑葚、枸杞子各 15 克。

精心制作：

1. 车前子用纱布包好，煎水；大米洗净，煮至半熟。

2. 加入桑葚、枸杞子、车前子汁，再将粥煮熟即可。

（滋养贴士）桑葚、枸杞子滋养肝肾，车前子可利水，三者搭配可滋阴养血、健脾除湿，适用于有水肿症状的产后妈妈。

红豆绿豆粥

原料：红豆、绿豆、山楂各 20 克，大米 30 克，红枣、冰糖各适量。

精心制作：

1. 将所有原料洗净，浸泡 1 小时。

2. 锅中加水，把所有原料一同倒入，中火煮成粥即可。

（滋养贴士）这款粥品具有清热解毒、利尿消肿的功效，非常适合产后水肿的妈妈食用。

桑葚可以有效缓解失眠症状，对产后妈妈的睡眠有所助益。

瘦身

　　女性容易在怀孕和坐月子期间因营养过剩而肥胖，故可以在产后 6 周开始采取饮食调养的方式来科学、健康瘦身。新鲜的蔬菜、水果中含有的膳食纤维和维生素，可以有效抑制体内脂肪的增加，促进新陈代谢，去除体内的部分热量，对产后瘦身有积极作用。

火龙果沙拉

原料： 火龙果半个，柠檬沙拉酱 25 克，香蕉 100 克，生菜适量。

精心制作：

1. 火龙果去皮、切成丁；香蕉去皮，切片；生菜切碎，盛入容器内。
2. 浇上柠檬沙拉酱拌匀即可。

芹菜鲫鱼汤

原料：鲫鱼 1 条，芹菜 100 克，盐适量。

精心制作：

1. 鲫鱼收拾干净，放入油锅煎至微黄。

2. 芹菜洗净，切成段。

3. 锅中放水，将煎好的鲫鱼放入，煮 30 分钟，再倒入芹菜段煮 5 分钟，出锅前加盐调味即可。

（滋养贴士）鲫鱼和芹菜搭配可以有助于消除产后腹部的赘肉。

哈密瓜盅

原料：哈密瓜 100 克，胡萝卜、西芹各 50 克，鸡蛋 1 个。

精心制作：

1. 鸡蛋打散成蛋液；哈密瓜、胡萝卜、西芹切碎，放入蛋液中搅匀。

2. 锅内烧热水，隔水将混合好的蛋液蒸成蛋羹即可。

（滋养贴士）哈密瓜、胡萝卜、西芹都是水分多、容易让人产生饱足感并含有高纤维的食物，搭配富含蛋白质的鸡蛋，营养又瘦身。

醋拌莲藕

原料：莲藕 150 克，白醋、糖各适量。

精心制作：

1. 将莲藕削去外皮，切成薄片，在热水中汆烫至熟，捞起沥干放凉。

2. 白醋、糖混合调汁，浇在藕片上即可。

（滋养贴士）莲藕利水气，消积食，对产后瘦身有所帮助。

魔芋茭白汤

原料：茭白 100 克，魔芋 60 克，盐适量。

精心制作：

1. 茭白洗净，去皮，切条；魔芋洗净，切条。

2. 将茭白条、魔芋条放入锅中，加水煮至魔芋熟透。出锅前加盐调味即可。

（滋养贴士）这两种食材水分高、热量低，是产后瘦身的理想食物。

适当食用哈密瓜可以起到祛湿利尿的作用，从而达到瘦身的效果。

抗抑郁

产后妈妈会情绪低落、落泪和不明原因的悲伤，严重时还需进行心理干预和治疗。不仅要注意产后妈妈的身体调节，还要注意心理的调理，有些食物可以帮助赶走忧郁，舒缓情绪。

香蕉牛奶

原料：香蕉 1 根，牛奶 250 毫升。

精心制作：

1. 香蕉剥去外皮，切一半放入碗中碾成泥。
2. 将牛奶、香蕉泥放入锅内，用小火慢煮 5 分钟，并不停搅拌。
3. 另一半香蕉切片装杯，再将香蕉牛奶倒入杯中即可。

小炒虾仁

原料： 鲜虾仁 30 克，西芹 50 克，白果仁、杏仁、鲜百合各 5 克，盐适量。

精心制作：

1. 西芹切段，与白果仁、杏仁、鲜百合一同焯水。
2. 锅中放油烧热后，将虾仁倒入快速翻炒至熟。
3. 加入西芹、白果仁、杏仁、百合一起翻炒至断生。出锅前加盐调味即可。

滋养贴士 深海鱼虾中含有的物质，可以增加血清素的分泌量，阻断神经传导路径，从而起到抗抑郁的效果。

鸡肉沙拉

原料： 熟鸡胸肉、生菜各 100 克，番茄、黄瓜各 50 克，橄榄油、苹果醋、黑胡椒各适量。

精心制作：

1. 熟鸡胸肉撕条，番茄、黄瓜洗净切片，生菜撕成片。
2. 用橄榄油、苹果醋、黑胡椒调汁，浇在鸡肉蔬菜沙拉上即可。

滋养贴士 鸡肉中含有硒，硒元素能帮助大脑平衡提升情绪的氨基酸，给疲惫的身体补充精力，让人更加自信。

酸奶水果杯

原料： 蓝莓、樱桃各 30 克，芒果 50 克，酸奶 120 毫升。

精心制作：

1. 蓝莓洗净；芒果切丁；樱桃去核切两半。
2. 将酸奶和水果混合搅拌均匀即可。

滋养贴士 产后妈妈激素的变化让产后妈妈消耗了太多的钙和维生素D，酸奶含有的这两类营养成分对于抗压力和抑郁非常重要，它们能帮助产后妈妈平复焦躁情绪。

菠菜蛋卷

原料： 鸡蛋 1 个，菠菜 100 克，盐、胡椒粉各适量。

精心制作：

1. 菠菜洗净切碎，鸡蛋打成蛋液。将菠菜碎与蛋液搅拌均匀，加入盐和胡椒粉。
2. 锅内放油，倒入拌好的菠菜蛋液，煎至半凝固时卷起来即可。

滋养贴士 菠菜富含丰富的叶酸，有助于提高睡眠质量。

鸡蛋中含有的优质蛋白和卵磷脂是可以缓解抑郁情绪的营养成分。

便秘

很多产后妈妈之所以在坐月子期间出现了便秘的情况，主要还是因为在生产过后其肠胃能力减弱，从而导致肠蠕动变慢，因此很多物质在肠道内停留时间过长，再加上水分的大量吸收，从而导致便秘的发生。通过食疗可以有效缓解便秘的症状。

酸奶燕麦杯

原料：酸奶 120 毫升，燕麦 50克，黄桃、蔓越莓干、桃仁各适量。

精心制作：

1. 黄桃切丁。
2. 在杯中倒入酸奶、燕麦，搅拌均匀。
3. 将黄桃丁、蔓越莓干、桃仁撒在上面即可。

醋熘白菜

原料：白菜 250 克，葱、姜、蒜、盐、糖、醋各适量。

精心制作：

1. 白菜洗净，斜刀切片。
2. 葱、姜、蒜切末，盐、糖、醋调匀成醋汁。
3. 锅里放油，葱、姜、蒜末煸炒出香味，放白菜翻炒至软，再加醋汁翻炒片刻即可。

（滋养贴士）大白菜当中水分含量高，还含有丰富的膳食纤维，有助于缓解便秘症状。

坚果面糊

原料：面粉 100 克，芝麻、花生、核桃各 20 克，糖适量。

精心制作：

1. 面粉用屉布包上蒸 25 分钟，然后凉凉过筛备用。
2. 核桃、花生、芝麻炒熟，**碾碎成颗粒状**。
3. 将熟面粉、芝麻、花生、**核桃一起放入碗中，加热水，搅拌成面糊即可**。
4. 可加入适量糖调味。

（滋养贴士）坚果可以增加肠道**双歧杆菌的含量，**连同膳食纤维素一同影响肠道活动，**然后起到润肠通便、改善便秘的效果**。

椰汁火龙果西米露

原料：火龙果半个，椰汁 200 毫升，西米适量。

精心制作：

1. 火龙果切块。
2. 西米加水煮至透明，加入椰汁煮开，再倒入火龙果块即可。

（滋养贴士）火龙果含丰富的纤维质及果胶，有助于保水性，可以消食健胃，润肠通便。

南瓜红枣汤

原料：南瓜 150 克，红枣、冰糖各适量。

精心制作：

1. 南瓜去皮，切块。
2. 锅内加水，把红枣倒入煮 15 分钟。
3. 加南瓜和冰糖，煮至南瓜绵软即可。

（滋养贴士）南瓜当中**富含大量的纤维素，**而纤维素恰恰就是能**缓解、减轻便秘之症的有效**营养成分。

红枣可以增加肠胃的蠕动，同时可以起到开胃健脾的作用。

补钙

产后妈妈如果每日泌乳 1000~1500 毫升，就要失去 500 毫克左右的钙，由此可见产后妈妈钙流失速度之快。如果不及时补充足量的钙，就会引起腰酸背痛、骨质疏松等一系列"月子病"。而奶水中缺钙，则会导致宝宝佝偻、体格发育和神经系统的发育不足。哺乳期间，补钙药没有医嘱不能乱吃，而采用食物疗法可以放心、安全地补钙。

黑豆糊

原料：黑豆、红豆、薏米各 20 克，莲子 10 克，糖、红枣各适量。

精心制作：

1. 将黑豆、红豆、薏米、莲子、红枣放入料理机打成粉末。
2. 锅中加水烧开，加入豆粉熬成糊，再加糖即可。

小米豆腐虾仁丸

原料：小米、虾仁、豆腐各 100 克，姜末、葱末、盐、胡椒粉各适量。

精心制作：

1. 小米洗净；虾仁去虾线，剁成泥；豆腐碾碎。
2. 虾泥和碾碎的豆腐加入姜末、葱末、盐和胡椒粉搅匀，团成丸子，放在泡好的小米上摇晃，让小米均匀裹上。将丸子放入蒸锅，蒸 20 分钟即可。

滋养贴士 虾仁和豆制品都是高蛋白食物，含钙量很高，能够有效补钙。

花生牛奶燕麦粥

原料：花生 20 克，燕麦 25 克，牛奶 120 毫升。

精心制作：

1. 将花生和燕麦放入料理机打碎。
2. 将牛奶烧开，加入花生燕麦碎，再煮 20 分钟即可。

滋养贴士 牛奶中含有丰富的钙质，是补钙的上佳食物之一，配合花生和燕麦，更易吸收，比单纯服钙片收效更佳。

黄豆白菜排骨汤

原料：黄豆 30 克，白菜 100 克，排骨 200 克，盐适量。

精心制作：

1. 黄豆泡软；白菜洗净，切成块；排骨洗净切成块。
2. 排骨放入热水锅中，焯去血沫。

3. 将排骨、黄豆、白菜一同放入锅中，加水中火煮 1 小时。出锅前加盐调味即可。

滋养贴士 白菜含钙量丰富，一杯大白菜汁的钙含量几乎相当于一杯牛奶的钙含量，加上豆制品，补钙事半功倍。

芝麻酱拌豆角

原料：豆角 200 克，芝麻酱、盐各适量。

精心制作：

1. 豆角洗净，切成段，在沸水锅中焯熟烂。
2. 芝麻酱兑水，加盐调味后与豆角拌匀即可。

滋养贴士 豆角富含膳食纤维和维生素，有利于改善便秘的症状。

豆角夹生食用容易中毒，因此食用时一定要确保做熟。

吃好
42天月子餐

第九章
四季月子餐

一年四季，气候不断变化，饮食调养的侧重点是不一样的。因此，产后调养只有顺应四时之序，遵循自然规律，才能事半功倍。

春季月子餐

　　春天坐月子是很多妈妈向往的事情。春天，没有夏天的炎热，没有冬季的寒冷，湿度适宜，妈妈的心情也会变得好起来。但是春季气温多变，乍暖还寒，极易"倒春寒"，同时又是传染病高发时期，因此需要做好疾病预防，一旦生病，就有可能中断哺乳，宝宝的健康也会受到威胁。

春季坐月子需要注意事项

少与外人接触

　　春季是一些流行疾病的高发期，应尽量减少与外人接触。这样可以隔断流行病的传播途径，避免染上流行性感冒和其他流行病。此外，宝宝也要少与外人接触，宝宝刚刚出生，抵抗力低下，一些对于成年人无害的病毒，小宝宝却抵御不了，比如，宝宝极容易感染上呼吸道疾病。

注意保暖

　　春天天气多变，一定要及时增减衣物，太热或者受寒对于产后妈妈都不好。春季停止供暖以后，北方室内还是比较寒冷的，所以一定要注意保暖。天气热时，不要急着脱掉厚衣物，虽说气温回升了，但是大地还没有回暖，极易感冒。建议随身带一件外套，热了脱下，在天变冷之前，及时穿上。

适当活动

　　坐月子虽说需要静养，但是还是建议妈妈多多活动，做一些简单的瑜伽和拉伸动作，这样有助于妈妈恢复体力，促进排尿和排便，减少静脉栓塞的可能。不建议妈妈做剧烈运动，因为这很有可能会导致刀口或者侧切创口再次开裂。另外，产后腹直肌分离严重，剧烈运动很有可能会引起脏器下垂，产生不可逆的健康问题。

注意室内通风

　　坐月子虽说不能直接吹风，但是室内还是要通风的。建议选择一个没有雾霾、阳光明媚的中午开窗通风 30 分钟。在此期间妈妈可以带着孩子先去别的房间。新鲜的空气有助于去除室内的病毒和尘螨，防止宝宝过敏。

室内通风时要注意，不要让风直接吹到产后妈妈和宝宝。

春季坐月子吃什么

秋葵炒木耳

原料： 秋葵 200 克，水发木耳 50 克，玉米粒、盐各适量。

精心制作：

1. 秋葵洗净，切段。
2. 锅中放油烧热，倒入秋葵翻炒至八分熟。
3. 加入木耳、玉米粒，翻炒至熟烂。出锅前加盐调味即可。

营养功效： 提高免疫力，增强产后妈妈的新陈代谢，同时滋补润燥，补气润肺。

黄花菜板栗粉丝煲

原料： 板栗、粉丝各 50 克，黄花菜 20 克，盐适量。

精心制作：

1. 板栗煮熟，去壳；黄花菜用清水泡软，沥干。
2. 锅中倒油烧热后，将黄花菜放入略炒，加水煮 10 分钟。
3. 将板栗、粉丝放入锅中，再煮 5 分钟。出锅前加盐调味即可。

营养功效： 补充维生素和微量元素，有助于产后妈妈增强抵抗力，提高免疫力。

木耳红枣汤

原料： 木耳 20 克，红枣 50 克，红糖适量。

精心制作：

1. 将红枣去核；木耳泡发，洗净。
2. 锅内加入水，将木耳和红枣一起放入，大火烧开，小火煮 30 分钟左右，加入红糖即可。

营养功效： 含有维生素和矿物质，能益气补血，增强产后妈妈体质。

夏季月子餐

夏天天气炎热，产后妈妈的心情往往烦躁，因此一定要注意清心养神。夏季容易出汗，需要多喝汤水，随时补充因为出汗而导致的体内水分丢失。多听轻松的音乐，有助于缓解情绪。

夏季坐月子需要注意事项

避免睡竹席

虽然天热，但还是要注意保暖，不要睡太凉的竹席。可以选择草席或者亚麻席，这样即使开空调也不会太冷。席子每天要用温水擦洗，保持清洁卫生。

穿衣无须捂着

传统观念认为坐月子需要捂，即使是夏天也要长衣长裤，甚至绒衣绒裤，但夏天这样捂着容易发生中暑，而这个阶段中暑是非常危险的。在天气太热的情况下，产后妈妈完全可以穿短衣短裤，只要注意脚部保暖即可。

可以使用空调

夏季坐月子如果天气很热是可以开空调的，但是空调不能直吹产后妈妈。家中开空调时，产后妈妈需要穿长衣长裤，并且，室内温度不能低于 26℃。

衣服要勤换

夏天的衣物一定要勤洗勤换，产后本来就多汗，再加上夏天温度高，有时不到半天衣服裤子就已经湿透了。千万不要怕麻烦，要多准备一些内衣内裤和贴身的衣物，一旦感觉不舒服马上换下来，避免热汗冷下来后着凉。

衣服应该选取纯棉材质，既保暖又吸汗，不易着凉。

夏季坐月子吃什么

猕猴桃燕麦酸奶杯

原料：猕猴桃 50 克，酸奶 100 毫升，燕麦、黄桃各适量。

精心制作：

1. 猕猴桃、黄桃去皮，切块。
2. 将燕麦和酸奶搅拌均匀，加入猕猴桃、黄桃块即可。

营养功效：富含维生素，酸甜可口，水果和酸奶结合，能有效帮助产后妈妈对抗抑郁。

苦瓜酿肉

原料：苦瓜 200 克，五花肉馅 100 克，盐适量。

精心制作：

1. 苦瓜洗净，去瓤。
2. 将五花肉馅加盐调味，塞入苦瓜中。
3. 锅中烧水，将放好肉馅的苦瓜上锅蒸 15 分钟，出锅后将苦瓜切成段即可。

营养功效：清热解火，降温降燥，同时补充蛋白质，有助于产后妈妈缓解压抑。

豌豆玉米饼

原料：豌豆、玉米粒、面粉各 50 克，牛奶 50 毫升，鸡蛋 2 个，糖适量。

精心制作：

1. 豌豆、玉米粒焯熟。
2. 将鸡蛋打成蛋液，加入糖、牛奶、面粉搅拌至无颗粒。
3. 加入豌豆、玉米粒，在热锅上煎成软饼即可。

营养功效：香甜软糯，富含充足的碳水化合物，有助于产后妈妈维持精力。

秋季月子餐

秋季多风，气候干燥，昼夜温差大，这对于产后妈妈来说，是一种很大的挑战，稍不留神就容易引发一些疾病。因此在秋季坐月子时，需要尽量避免受风，同时多吃生津润燥的食物，以免生病。

秋季坐月子需要注意事项

不宜大补

秋季坐月子调养身体，滋补还是要有限度的。千万不能够滋补过量，特别是容易引发肥胖症的产后妈妈，要注意合理选择滋补的食材。要是刚刚经过剖宫产，术后最好吃比较清淡的流食。对于顺产的产后妈妈，滋补食材的选择上也要以清淡为原则，不要吃过于油腻的食物。

秋季多吃新鲜蔬果能在一定程度上降燥去火，预防便秘。

少吃寒凉食物

秋天坐月子，还是需要注意饮食的选择，不要吃过于寒凉的食物。寒凉食物比较容易伤胃，不利于产后妈妈食用。特别是秋季，温度降低，产后妈妈需要做好保暖。寒凉食物会影响恶露的排出，从而影响身体的恢复。

宜吃应季蔬果

秋季应季蔬果种类较多，新鲜的蔬果含有大量的水分、维生素 C、B 族维生素及矿物质、膳食纤维，可以改善秋季燥气对人体造成的不良影响。不过需要注意，果蔬也要适量食用，不可过多，同时要多喝水，保持肺部与呼吸道的湿润度。

注意室内温度和湿度的控制

季节更替，空气中的温度以及湿度也是会发生变化的。秋季，产后妈妈就不要吹空调了。秋天可能风会比较大，气候也会比较干燥，室内可以选择使用空气加湿器，但加湿器不宜直接对着产后妈妈喷雾，以避免呼吸道感染。

秋季坐月子吃什么

蜜汁南瓜

原料： 南瓜 250 克，莲子、冰糖、蜂蜜、糖桂花各适量。

精心制作：

1. 莲子煮熟，南瓜洗净，切块蒸熟。
2. 冰糖熬成糖浆，放入南瓜和莲子，出锅后浇上蜂蜜、糖桂花即可。

营养功效： 润燥滋补，富含维生素和膳食纤维，有助于缓解产后妈妈秋季干燥便秘。

荷塘小炒

原料： 莲藕 100 克，山药、荷兰豆、胡萝卜、水发木耳各 50 克，盐适量。

精心制作：

1. 莲藕、山药、胡萝卜去皮切片，荷兰豆、木耳择净洗净。
2. 锅中放油烧热，先放入胡萝卜、藕片，翻炒片刻，再放入山药和荷兰豆，最后放入木耳，炒熟后加盐调味即可。

营养功效： 含丰富的膳食纤维和维生素，能帮助产后妈妈增强活力，提高抵抗力。

虾皮萝卜豆腐汤

原料： 萝卜半根，豆腐半块，虾皮、盐各适量。

精心制作：

1. 萝卜洗净，切成丝；豆腐切块。
2. 锅中放水烧热后，将豆腐、萝卜丝放入煮 10 分钟，出锅前加入虾皮、盐即可。

营养功效： 补充钙质和水分，润肺的同时增强产后妈妈的体质，预防疾病传染。

冬季月子餐

产后妈妈在冬天坐月子时，可以多吃一点热量高且易消化的食物来抵御温度的骤然下降。而在北方的暖气房里，也要注意因为暖气燥热而导致产后妈妈贪吃寒凉的食物，造成产后腹痛、身痛等。

冬季坐月子需要注意事项

洗澡要讲究

传统说法认为，坐月子时妈妈不能洗澡，尤其是冬天，其实这是错误的观念。产后妈妈抵抗力较弱，不注意清洁皮肤容易滋生细菌，引发皮肤炎症。因此在冬天，产后妈妈也要注意皮肤清洁卫生。但要注意的是，顺产的妈妈要在产后 24 小时才可以擦浴，产后 1 周可以开始淋浴。剖宫产的妈妈要等伤口恢复后才可以淋浴，而且切忌盆浴或坐浴，这样会增加子宫感染的概率。

衣物舒适，不宜过紧

冬季寒冷，有些产后妈妈认为贴身内衣保暖防寒就常穿。其实不然，冬天坐月子，产后妈妈衣着不宜过紧。这会影响产后妈妈的血液运行，特别是乳房受压后容易患乳腺炎。所以，产后妈妈的衣服应宽大，以能活动自由为好。

注意头部清洁

在分娩过程中和产后，妈妈大量出汗，头皮和头发其实是很脏的。妈妈做好头发清洁，可以避免产后因头部污垢堆积而引发皮肤炎症，也防止小宝宝接触妈妈的头部污垢后引起交叉感染。产后妈妈洗头时水温不能太低，洗后要立刻用吹风机吹干头发，避免被冷风直吹，使头部受到刺激，日产会出现头痛。之后，可以喝一杯姜汁红糖水，祛风散寒。

护腰也很重要

在冬天，天气变冷，要注意腰部保暖，要及时增加衣物，避免冷风吹到腰部上，因为腰部受凉会加重产后妈妈腰部的疼痛。晚上睡觉的时候，建议在腰腹部多搭一条毛巾被，防止受寒。

产后妈妈如果不注意腰部保暖，极易落下病根，影响今后的生活质量。

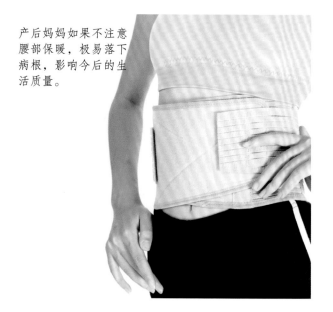

冬季坐月子吃什么

羊肉粉丝汤

原料：羊肉片 200 克，葱花、粉丝、盐、胡椒各适量。

精心制作：

1. 锅中烧开水，加入粉丝煮软。
2. 粉丝变软后加入羊肉片煮熟，再撒上葱花、胡椒和盐，调味后即可出锅。

营养功效：提高产后妈妈免疫力，御寒抗病，同时补充体力，还不易发胖。

鸭架煲山药

原料：鸭架骨 200 克，山药 100 克，盐适量。

精心制作：

1. 山药洗净，去皮，切块；鸭架收拾干净。
2. 锅内烧水，加入鸭架和山药，炖煮 30 分钟，出锅前加盐调味即可。

营养功效：山药补中益气，能帮助产后妈妈稳固体质，鸭架同时能补充身体流失的钙质。

木瓜莲子鲫鱼汤

原料：鲫鱼 1 条，木瓜 100 克，莲子、盐各适量。

精心制作：

1. 莲子提前泡发；鲫鱼处理干净；木瓜去皮、去瓤，切块。
2. 锅中放油烧热后，放入鲫鱼煎至两面微黄，加入开水。
3. 将泡好的莲子倒入锅中，再加入木瓜，炖煮 1 小时，出锅前加盐调味即可。

营养功效：富含优质蛋白和维生素，能增强产后妈妈的抗寒能力，同时提高抵抗力。

图书在版编目（CIP）数据

吃好42天月子餐 / 刘桂荣编著 . — 北京 ：中国轻工业
出版社， 2021.7
ISBN 978-7-5184-3401-5

Ⅰ . ①吃… Ⅱ . ①刘… Ⅲ . ①产妇－妇幼保健－食谱
Ⅳ . ① TS972.164

中国版本图书馆 CIP 数据核字（2021）第 029960 号

责任编辑：由　蕾　　责任终审：李建华　　整体设计：奥视读乐
策划编辑：朱启铭　　责任校对：朱燕春　　责任监印：张京华

出版发行：中国轻工业出版社（北京东长安街6号，邮编：100740）
印　　刷：北京博海升彩色印刷有限公司
经　　销：各地新华书店
版　　次：2021年7月第1版第1次印刷
开　　本：889×1194　1/20　印张：8.4
字　　数：110千字
书　　号：ISBN 978-7-5184-3401-5　　　　定价：49.80元
邮购电话：010-65241695
发行电话：010-85119835　传真：85113293
网　　址：http://www.chlip.com.cn
Email：club@chlip.com.cn
如发现图书残缺请与我社邮购联系调换
200642S3X101ZBW